国家科学思想库

未来**10**年
中国学科发展战略

化 学

国家自然科学基金委员会
中国科学院

科 学 出 版 社
北京

图书在版编目(CIP)数据

未来 10 年中国学科发展战略·化学/国家自然科学基金委员会，
中国科学院编 .—北京：科学出版社，2011
（未来 10 年中国学科发展战略）
ISBN 978-7-03-032309-5

Ⅰ.①未… Ⅱ.①国… ②中… Ⅲ.①化学-学科发展-发展战略-
中国-2011～2020 Ⅳ.①O6-12

中国版本图书馆 CIP 数据核字（2011）第 183238 号

丛书策划：胡升华　侯俊琳
责任编辑：石　卉　付　艳　程　凤 / 责任校对：张小霞
责任印制：李　彤 / 封面设计：黄华斌　陈　敬
编辑部电话：010-64035853
E-mail：houjunlin@mail.sciencep.com

科学出版社 出版
北京东黄城根北街 16 号
邮政编码：100717
http://www.sciencep.com

北京凌奇印刷有限责任公司印刷
科学出版社发行　各地新华书店经销

*

2012 年 1 月第　一　版　开本：B5（720×1000）
2024 年 8 月第九次印刷　印张：12 1/4
字数：169 000
定价：65.00 元
（如有印装质量问题，我社负责调换）

联合领导小组

组　长　孙家广　李静海　朱道本

成　员　（以姓氏笔画为序）

王红阳　白春礼　李衍达

李德毅　杨　卫　沈文庆

武维华　林其谁　林国强

周孝信　秦大河　郭重庆

曹效业　程国栋　解思深

联合工作组

组　长　韩　宇　刘峰松　孟宪平

成　员　（以姓氏笔画为序）

王　澍　申倚敏　冯　霞

朱蔚彤　吴善超　张家元

陈　钟　林宏侠　郑永和

赵世荣　龚　旭　黄文艳

傅　敏　谢光锋

战略研究组

组 长	林国强	院 士	国家自然科学基金委员会化学科学部
副组长	梁文平	研究员	国家自然科学基金委员会化学科学部
	刘鸣华	研究员	中国科学院基础科学局
成 员	张礼和	院 士	北京大学
	程津培	院 士	南开大学
	周其凤	院 士	北京大学
	杨玉良	院 士	复旦大学
	陈洪渊	院 士	南京大学
	何鸣元	院 士	中石化石油化工科学研究院
	柴之芳	院 士	中国科学院高能物理研究所
	张玉奎	院 士	中国科学院大连化学物理研究所
	高 松	院 士	北京大学
	麻生明	院 士	华东师范大学
	田中群	院 士	厦门大学
	张 希	院 士	清华大学
	段 雪	院 士	北京化工大学
	江桂斌	院 士	中国科学院生态环境研究中心
	蒋华良	研究员	中国科学院上海药物研究所

秘 书 组

组 长	张德清	研究员	中国科学院化学研究所
副组长	陈拥军	研究员	国家自然科学基金委员会化学科学部
	张 恒	研究员	中国科学院院士工作局
	严纯华	教 授	北京大学
成 员	于吉红	教 授	吉林大学
	郭子建	教 授	南京大学
	王梅祥	教 授	清华大学

姚祝军	研究员	中国科学院上海有机化学研究所
郝京诚	教 授	山东大学
包信和	院 士	中国科学院大连化学物理研究所
帅志刚	教 授	清华大学
薄志山	研究员	中国科学院化学研究所
王利祥	研究员	中国科学院长春应用化学研究所
梁好均	教 授	中国科学技术大学
邵元华	教 授	北京大学
毛兰群	研究员	中国科学院化学研究所
鞠熀先	教 授	南京大学
张锁江	研究员	中国科学院过程工程研究所
元英进	教 授	天津大学
曲景平	教 授	大连理工大学
朱利中	教 授	浙江大学
杨振军	教 授	国家自然科学基金委员会化学科学部
郭大军	研究员	中国科学院基础科学局

总序

路甬祥　　陈宜瑜

　　进入 21 世纪以来，人类面临着日益严峻的能源短缺、气候变化、粮食安全及重大流行性疾病等全球性挑战，知识作为人类不竭的智力资源日益成为世界各国发展的关键要素，科学技术在当前世界性金融危机冲击下的地位和作用更为凸显。正如胡锦涛总书记在纪念中国科学技术协会成立 50 周年大会上所指出的："科技发展从来没有像今天这样深刻地影响着社会生产生活的方方面面，从来没有像今天这样深刻地影响着人们的思想观念和生活方式，从来没有像今天这样深刻地影响着国家和民族的前途命运。"基础研究是原始创新的源泉，没有基础和前沿领域的原始创新，科技创新就没有根基。因此，近年来世界许多国家纷纷调整发展战略，加强基础研究，推进科技进步与创新，以尽快摆脱危机，并抢占未来发展的制高点。从这个意义上说，研究学科发展战略，关系到我国作为一个发展中大国如何维护好国家的发展权益、赢得发展的主动权，关系到如何更好地持续推动科技进步与创新、实现重点突破与跨越，这是摆在我们面前的十分重要而紧迫的课题。

　　学科作为知识体系结构分类和分化的重要标志，既在知识创造中发挥着基础性作用，也在知识传承中发挥着主体性作用，发展科学技术必须保持学科的均衡协调可持续发展，加强学科建设是一项提升自主创新能力、建设创新型国家的带有根本性的基础工程。正是基于这样的认识，也基于中国科学院学部和国家自然科学基金委员会在夯实学科基础、促进科技发展方面的共同责任，我们于 2009年 4 月联合启动了 2011～2020 年中国学科发展战略研究，选择数、理、化、天、地、生等 19 个学科领域，分别成立了由院士担任组长的战略研究组，在双方成立的联合领导小组指导下开展相关研究工作。同时成立了以中国科学院学部及相关研究支撑机构为主的总报告起草组。

两年多来，包括 196 位院士在内的 600 多位专家（含部分海外专家），始终坚持继承与发展并重、机制与方向并重、宏观与微观并重、问题与成绩并重、国际与国内并重等原则，开展了深入全面的战略研究工作。在战略研究中，我们既强调战略的前瞻性，又尊重学科的历史延续性；既提出优先发展方向，又明确保障其得以实现的制度安排；既分析各学科自身的发展态势，又审视各学科在整个学科体系和科技与经济社会发展中的地位作用；既充分肯定各学科已取得的成绩，又不回避发展中面临的困难和问题；既立足国内的现状与条件，又注重基础研究的国际化趋势。经过两年多的战略研究工作，我们不断明晰学科发展趋势，深入认识学科发展规律，进一步明确"十二五"乃至更长一段时期推动我国学科发展的战略方向和政策举措，取得了一系列丰硕的成果。

战略研究总报告梳理了学科发展的历史脉络，探讨了学科发展的一般规律，研究分析了学科发展总体态势，并从历史和现实的角度剖析了战略性新兴产业与学科发展的关系，为可能发生的新科技革命提前做好学科准备，并对我国未来 10 年乃至更长时期学科发展和基础研究的持续、协调、健康发展提出了有针对性的政策建议。19 个学科的专题报告均突出了 7 个方面的内容：一是明确学科在国家经济社会和科技发展中的战略地位；二是分析学科的发展规律和研究特点；三是总结近年来学科的研究现状和研究动态；四是提出学科发展布局的指导思想、发展目标和发展策略；五是提出未来 5～10 年学科的优先发展领域以及与其他学科交叉的重点方向；六是提出未来 5～10 年学科在国际合作方面的优先发展领域；七是从人才队伍建设、条件设施建设、创新环境建设、国际合作平台建设等方面，系统提出学科发展的体制机制保障和政策措施。

为保证此次战略研究的最终成果能够体现我国科学发展的水平，能够为未来 10 年各学科的发展指明方向，能够经得起实践检验、同行检验和历史检验，中国科学院学部和国家自然科学基金委员会多次征询高层次战略科学家的意见和建议。基金委各科学部专家咨询委员会数次对相关学科战略研究的阶段成果和研究报告进行咨询审议；2009 年 11 月和 2010 年 6 月的中国科学院各学部常委会分别组织院士咨询审议了各战略研究组提交的阶段成果和研究报告初稿；其后，中国科学院院士工作局又组织部分院士对研究报告终稿提出审读意见。可以说，这次战略研究集中了我国各学科领域科学家的集体智慧，凝聚了数百位中国科学院院士、中国工程院院士以及海外科学家的战略共识，凝结了参与此项工作的全体同志的心血和汗水。

今年是"十二五"的开局之年，也是《国家中长期科学和技术发展规划纲要（2006—2020 年）》实施的第二个五年，更是未来 10 年我国科技发展的关键时期。我们希望本系列战略研究报告的出版，对广大科技工作者触摸和了解学科前沿、认知和把握学科规律、传承和发展学科文化、促进和激发学科创新有所助益，对促进我国学科的均衡、协调、可持续发展发挥积极的作用。

在本系列战略研究报告即将付梓之际，我们谨向参与研究、咨询、审读和支撑服务的全体同志表示衷心的感谢，同时也感谢科学出版社在编辑出版工作中所付出的辛劳。我们衷心希望有关科学团体和机构继续大力合作，组织广大院士专家持续开展学科发展战略研究，为促进科技事业健康发展、实现科技创新能力整体跨越做出新的更大的贡献。

前言

　　化学是研究物质的组成、结构、性质和反应的科学，是与材料科学、生命科学、信息科学、环境科学、能源科学、地球科学、空间科学和核科学等密切交叉和相互渗透的中心科学，是发现和创造新物质的主要手段。化学作为一门"核心、实用、创造性"的科学，在人类认识自然和改造自然、提高人类的生活质量和健康水平、促进其他学科发展、推动社会进步等方面已经发挥，而且正在发挥着巨大的、不可替代的作用。当前，我国化学学科正处于新的历史发展阶段，研究队伍不断壮大，研究水平快速提升，国际影响力日益增强，自主知识产权的核心技术初具规模，为我国石油、化工等产业和国民经济的快速发展做出了重要贡献。为了落实《国家中长期科学和技术发展规划纲要（2006—2020年）》，总结已经取得的成绩和存在的问题，做好未来化学的学科建设工作，进一步提升我国化学学科的发展水平和自主创新能力，本书制定了未来5～10年化学学科的战略发展重点和前沿方向。

　　本书力图站在我国化学学科发展的战略高度，以全球化的眼光和视角，分析和观察我国化学学科发展的现状和未来。本战略规划依照"更加侧重基础、更加侧重前沿、更加侧重人才"的原则，注重基础研究和人才培养，注重学科发展布局的均衡协调发展，注重学科发展前沿方向的凝练。本书主要包括化学的战略地位，发展规律和发展态势，国内外的发展现状，发展布局和发展方向，优先发展领域与重大交叉研究领域，国际合作与交流，未来发展的保障措施七个方面。本书体现了继承与发展并重、机制与方向并重、宏观与微观并重、问题与成绩并重、国际与国内并重、专业与普及并重，并结合我国化学学科发展的特点，总结成绩、分析现状、发现问题、提出解决方案，旨在为我国化学学科未来5～10年的发展提供参考。

在制定化学学科发展战略的过程中，成立了由不同领域的专家组成的战略研究顾问组（14 人）、战略研究组（18 人）和秘书组（23 人），对化学学科的发展战略规划进行了反复研讨和推敲。其中，战略研究顾问组成员包括徐光宪、张存浩、王夔、张礼和、白春礼、程津培、李静海、朱道本、姚建年、周其凤、杨玉良、何鸣元、柴之芳和张玉奎。国家自然科学基金委员会化学科学部组织专家，召开了 20 多次学科发展研讨会，在分支学科牵头专家的领导和化学科学部各学科主任的精心组织下，形成无机化学、有机化学、物理化学、高分子科学、分析化学、化学工程与技术、环境化学、化学生物学及放射化学的学科发展战略报告。在此基础上，经过秘书组专家的合理分工、精心安排、反复修改，形成了本书的初稿。经过两次（2009 年 11 月 1 日和 2010 年 3 月 17 日）征求化学科学部专家咨询委员会的意见，又邀请陕西师范大学的房喻教授、湖南大学的王柯敏教授、清华大学的王梅祥教授、华东理工大学的钱旭红教授仔细审阅，再经国家自然科学基金委员会化学科学部梁文平研究员修订整理后，形成了本书文本修订稿。后又在 2009 年 11 月 10 日院士增选会议上征求中国科学院化学学部院士意见并做出大量修改的基础上，于 2010 年 6 月再次征求中国科学院化学学部院士意见，并结合了各分支学科专家提出的新修改意见，经王梅祥和梁文平统稿修订形成了本书的正式内容，再经过秘书组会议集体修订后最终形成本书。

林国强

化学学科发展战略研究组组长

2010 年 9 月

摘要

化学学科发展战略规划的目的是在总结化学学科的发展规律、研究化学学科的国内外发展现状和趋势的基础上，对规划未来5～10年的化学学科发展方向、优先发展领域和重大交叉研究领域提出建议，为我国化学学科在"十二五"期间及未来10年的发展提供参考意见。本书主要包括化学的战略地位，发展规律和发展态势，国内外的发展现状，发展布局和发展方向，优先发展领域与重大交叉研究领域，国际合作与交流，未来发展的保障措施七个方面。

一、化学的战略地位

化学研究物质的组成、结构、性质与反应和转化，是一门发现天然物质和创造新物质的科学。迄今为止，化学发现了难以计数的天然物质，创造了远比现有已知天然物质数量要多的新物质，是与材料科学、生命科学、信息科学、环境科学、能源科学、地球科学、空间科学和核科学等密切交叉和相互渗透的中心科学。作为基础的和创造性的科学，化学在人类认识物质世界本质和变化规律，创造优异性能的新物质，支撑化学、医药、材料和能源等工业，确保经济社会可持续发展，推动人类文明进步等方面发挥着不可替代的作用。化学在与其他学科的交叉融合过程中，不断形成新兴的前沿领域，引领基础科学的持续发展。

化学在不同的时间和空间尺度上，探究物质的组成、结构和形态，物理性能和生物活性，化学变化和合成反应；运用化学的理论和独特的语言描绘色彩斑斓的物质世界，揭示物质变化和生命过程的分子奥秘。化学不仅帮助人们认识物质的本质和规律，促进人类物质观、自然观和宇宙观的转变，而且具有创造新颖和奇特物质的鲜明学科特征。通过化学键的剪裁和重组，以及超越分子层次的非共价作用和（自）组装，化学创造和构建了一个全新的（合成）物质世界，为其他学科的创新研究和快速发展提供了知识基础和物质保障，支撑着新医药、新材料、新能源等人类生活和经济社会发展的物质需求。资源利用最佳化、生态环境友好和经济社会发展可持续的绿色化学理念，正在深刻影响着化学学科的发展，成为未来化学制造和相关产业重大变革的坚实基础。

二、化学的发展趋势和现状

化学是一门不断发展的科学，当前化学研究呈现出下列新的特点。

1）化学的研究对象进一步扩展，研究方法和手段进一步提升。一方面，化学研究向分子以上层次发展，开始探索和认识大分子、超分子、分子聚集体及分子聚集体的高级结构的形成、构筑、性能及分子间相互作用的本质，更加注重对复杂化学体系的研究，关注化学中的尺度效应和多尺度化学过程，化学研究的内容正在经历革命性的变化。另一方面，现代科学技术的迅猛发展，特别是大型科学装置的建设和发展，有力推动了研究进程，建立了新的化学研究方法和手段，使原位、实时、动态、快速、简便地分析测试物质结构和性质成为可能。

2）化学的学科交叉进一步凸显。化学内各分支学科进一步交叉融合，使化学的内容更加丰富。同时，化学与生命科学、材料科学、能源科学、环境科学、信息科学等的交叉进一步加深，新型交叉学科，如化学生物学、材料化学、环境化学、能源化学不断涌现。

3）化学在社会经济可持续发展中发挥越来越重要的作用。化学在促进粮食增产、提供植物保护、提高人类生存质量等方面将发挥越来越重要的保障作用，并在能源和资源的合理开发、二氧化碳减排、太阳能的高效利用中起关键作用。同时，化学在满足国家战略需求和安全方面将发挥不可取代的作用，为根本解决环境问题和人类社会可持续发展提供新思想和新方法。

纵观化学近年来的发展，结合国内外对化学学科发展的分析，未来 10 年化学学科的发展趋势可以归纳为以下四个方面。

1) 围绕发现和创造新物质这一化学学科的核心任务，发展研究物质结构、揭示化学反应历程和机理的新理论和新方法是化学学科在今后相当长时期内的发展重点，相关研究的突破将给化学学科带来新的变革。

2) 化学将进一步与其他学科交叉融合，产生新的学科生命力，催生新的前沿交叉领域。

3) 化学将更加积极地研究现代科学中最重要且具挑战性的复杂体系和生命起源等重大科学问题，在发展物质组成、结构和性能的表征技术的同时，更加重视理论与实验的紧密结合。

4) 化学在人类与自然和谐共处、提高人民生活质量等方面将扮演日益重要的角色，基于化学合成和反应过程的工程研究将加速向应用转化，为低碳社会服务。

我国化学的基础研究逐渐开始与世界前沿化学研究接轨，正处于新的历史发展时期，研究水平快速提升，国际影响力日益增强，自主知识产权的核心技术初具规模，为我国石油、化工产业和国民经济的快速发展正在和必将做出重要贡献。我国在化学科研队伍建设方面取得了很大成绩，已经形成了一支规模较大、素质良好的化学研究队伍，具备了从事重大科学问题研究的条件和基础。

我国在化学领域发表的论文总数、被引论文数及论文的被引频次逐年上升，已经跃居世界前列。2000～2008 年，中国在化学研究领域发表的 SCI（科学引文索引）论文总量列世界第二位；2007年、2008 年超过美国，成为发表 SCI 论文数量增长速度最快的国家，在此期间论文被引频次列世界第四位；2005～2008 年中国在化学领域拥有高被引频次的论文数量超过日本，成为重要研究成果的主要产出国家之一。论文的数量与质量同步提高，质量提高更快。中国发表的论文数量占国际化学界顶尖 1% 的论文的比重从1998 年的 0.3% 增加到 2008 年的 8.1%，而美国从 1998 年的 51% 下降到 2008 年的 38%。

我国化学家的学术影响力也在随之扩大，在包括国际纯粹与应用化学联合会（International Union of Pure and Applied Chemistry，IUPAC）在内的重要学术机构担任重要职务的人数越来越多，越来越多的中国化学家担任包括 *Acc. Chem. Res.*、*Chem. Soc. Rev.*、*J. Am. Chem. Soc.*、*Angew. Chem. Int. Ed.*、*Adv. Mater.* 等在内的重要学术期刊的编辑、副主编、编委、顾问编委。

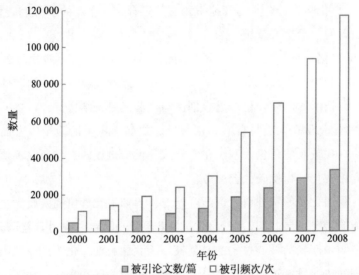

我国化学领域近年发表的国际论文的被引论文数和被引频次

资料来源：根据中国科学技术信息研究所，2000～2009 年的中国科技论文统计结果得出。

我国化学领域越来越重视对知识产权的保护，专利申请数量稳步增加，2009 年中国化学领域在中国申请的专利件数已经超过日本和美国。

三、化学的发展布局和发展策略

今后 5～10 年，化学发展布局的指导思想是：均衡发展、加强交叉、保持优势领域、注重理论与实验结合、鼓励原创思想和技术、提倡功能导向研究。从建设创新型国家的战略全局出发，紧密结合国家重大战略需求，瞄准国际发展新趋势，加强人才队伍建设，培养一支具有一定规模和较强竞争力、结构合理的化学研究队伍，造就一批具有国际影响力的化学家。完善科研评价体系，均衡化学各分支学科的持续协调发展，形成并保持自身的优势与特色，继续推进化学与其他学科的交叉融合，提高基础研究的原始创新能力，促进研究成果转化和产业化，缩小与发达国家的差距，全面提升化学对国家自主创新能力的支撑作用，重塑化学在社会公众中的形象，实现化学的跨越式发展。

我国化学一直具有良好的研究基础，结合我国化学的发展基础和国际化学前沿发展趋势，围绕国民经济、社会发展和国防建设的重大战略需求，到2015年，我国化学学科发展的总体目标是：完善化学各分支学科的布局，培育和支撑新兴交叉学科，推动学科间的交叉、渗透与融合，促进化学学科的均衡、协调和可持续发展；自主创新能力显著增强，基础科学和前沿技术研究综合实力显著提高，在若干科学前沿和新兴领域实现重要突破，获得一批具有国际水平的创新性研究成果，解决一批国家经济社会发展中的关键科学问题，使我国化学的研究赶超国际先进水平；培养和造就一批具有世界影响力的杰出科学家和冲击国际科学前沿的创新团队，显著提升基础研究整体水平和国际竞争力；为全面建设小康社会提供强有力的支撑，为建设创新型国家和2020年跻身世界科技强国做出贡献。

在今后5～10年，为实现我国化学的快速发展，使之达到世界一流水平，我们需要采取以下发展策略。

1) 保持并发展已有优势，发展新的特色领域。在已有研究的基础上，坚持"有所为，有所不为"，继续深入开展以化学合成及理论为核心，以材料科学、能源科学、生命科学、农业科学、环境科学和信息科学等领域的重大需求为导向，发展定向、高效、低耗、绿色的化学合成，能量和物质转换体系，以及相关技术，加强基础研究思想和方法向原理器件设计和制备技术的转化。强化创新意识，注重基础研究、基础应用研究和应用研究的结合与协调发展，加快化学的全面发展，形成既借鉴其他学科的思想、技术，又有明显化学特色的新的特色领域和学科。

2) 在化学的前沿和新兴领域取得重要突破，赶超国际先进水平。在化学的前沿及其新兴领域，选择具有一定基础和优势、关系国计民生和国家安全的关键科学问题，集中力量、重点突破。争取在揭示分子及其组装体的可控合成、设计规律、性质与微观结构的本质关系，高性能、不同凝聚态结构化学材料体系的制备、表征、理论模拟和计算方法，高效能源和物质转化催化剂的设计和机理，关乎人类生存和健康的药物设计和合成等领域取得重要研究成果，形成一些由我国科学家提出的、在国际上具有重要影响的学术思想和理论，进一步提升我国在新物质创造、利用方面的水平，使我国在一些重要化学领域的研究实现跨越式发展，全面达到国际先进水平。

3）加强与材料科学、生命科学、信息科学等学科的交叉、渗透和融合，形成新的生长点，有重点地发展一些新的国际前沿研究领域。瞄准化学前沿和国家战略需求，完善学科布局与结构，赋予化学新的内涵和生命力。前瞻性地重点部署和发展一些新的具有战略意义的国际前沿研究领域，组织学科交叉研究和多学科综合研究。

4）面向国民经济与国防建设的重大需求，取得一批具有自主知识产权的应用性成果。深入开展与化石能源高效绿色转化，太阳能和核能利用相关的能源、材料信息、防护科学和技术，与人体健康相关的检测、诊断与治疗的药物和技术，与动植物生长、发育和抗逆性相关的农业科学和技术等方面的研究。坚持不懈地推动关键领域技术的群体突破，实现基础研究与国家发展目标的紧密衔接，获得一批具有中国特色和优势、在国际上有竞争力和重大应用价值的研究成果，为我国科技、经济和社会的健康、协调、持续发展做出有显示度的重要贡献，并提供知识与技术支持和储备。

5）建设一批国际一流水平的研究基地，培养一批在国际上有影响力的优秀青年学术带头人，培养一批德才兼备的中青年拔尖和领军人才，使他们成为凝聚和带动研究团队的核心。在重点支持现有国家实验室、国家重点实验室和部门开放实验室的同时，融入国家大型科学装置和平台建设行列，继续发挥经济和文化发达、人才集中地区已有科研基地的示范和引领作用，注重对经济欠发达的西部地区科研基地的培育和扶持，集中力量建设一批国际一流水平的、学科综合交叉的、资源共享的基础科学和前沿技术研究基地。依托重大科研项目、重点学科和科研基地，以及国际学术交流与合作项目；抓紧培养和造就一批在国际上有影响的优秀青年学术带头人，以及德才兼备的中青年拔尖和领军人才，使他们成为凝聚和带动研究团队的核心。积极实施国家提出的海外高层次人才引进计划，加大各类优秀人才引进力度，造就和吸引更多具有国际化教育和多学科背景的"领军人才"，为顺利实现"十二五"期间化学发展的战略目标提供人才保障。

四、化学的国际合作与交流

继续推动有实质内容的国际合作与交流活动，努力发现并重点支持一批在化学领域有中国自身特色和优势的、以我为主和以我需为主的国际合作项目。在资助经费和合作渠道等方面营造一个有利于中国化学家参与实质性国际合作的良好环境，推动化学家更广泛地参与国际合作交流与竞争，以实现以下目标：①进一步提升我国化学基础研究的原创能力和研究水平，加速中国从化学大国向化学强国迈进的步伐；②加速培养具有国际化视野的青年科技人才和研究团队；③关注全世界共同面对的挑战性问题，与国际化学界一道，凝练重大科学问题，并通过合作的方式，寻求解决方案；④进一步规范我国化学工作者的科研模式与理念；⑤充分利用国际科技资源，推动我国化学领域的新兴学科或交叉学科的迅速发展；⑥着眼于长远，为我国化学更多地进入国际前沿和引领学科发展奠定基础。

五、化学的重点发展领域

2011～2020年化学的重点发展领域的选择应遵循以下原则。

1）充分体现学科交叉。面对人类认识自然提出的新要求，不断开拓新的研究领域和思路，注重化学与物理科学、生命科学、材料科学、信息科学等学科的交叉、渗透和融合。

2）充分体现国家需求。面向国民经济和社会发展中的重大需求，围绕资源的有效开发利用、环境保护与治理、人口与健康、各种高性能材料的研发等一系列重大的挑战性难题，力争在更深层次上进行化学的基础和应用基础研究，发现和创造出新的理论、方法和手段。

3）充分体现化学自身的特点和优势。继续发挥创造新物质、发展新方法和新理论、充满创新活力的中心学科的作用，充分展示化学从单原子、单分子到分子聚集体，多层次、多尺度研究物质变化规律的特征。

4）充分体现国家自然科学基金委员会党组提出的"更加侧重基础、更加侧重前沿、更加侧重人才"的要求。关注化学前沿问题，支持源头创新；鼓励具有我国优势和特色的研究领域；支持以解决国民经济发展中的重要科学问题为目标的基础研究。

建议今后 5～10 年化学的优先发展领域与重大交叉研究领域从以下 11 个方面入手。

1）合成化学：功能导向新物质的可控、高效、绿色设计合成理论和方法，分子剪裁和组装的控制和机理，复杂体系及其反应历程的研究，新合成策略、概念和技术的探索，极端条件下的合成和制备，从简单小分子到复杂大分子、从单分子基元到超分子体系的高效、高选择性构筑，金属催化和有机催化化学键选择性活化、断裂与可控性重组，以及弱相互作用和分子识别超分子体系结构和功能的精确组装和调控。

2）化学结构、分子动态学与化学催化：从静态结构到动态或瞬态结构，自组装与多层次结构的动态形成过程，表面单分子结构及反应过程的测控，化学反应动态学理论与实验技术，界面化学反应的本质、动态过程及反应控制，催化机理及其反应过程的调控，极端条件下的化学反应与物质结构，超快时间分辨、高空间及能量分辨的谱学测量技术与方法。

3）大分子和超分子化学：利用可控/"活性"聚合方法，制备具有不同拓扑结构和功能的大分子；利用可再生资源发展非石油路线合成大分子，发展生物方法合成医用高分子材料。研究高分子不同层次结构的动态形成过程与机制，不同层次和尺度上高分子链结构对外界条件的敏感依赖性–软物质特性，生物材料与细胞相互作用的科学问题与调控规律，功能超分子体系构筑基元的设计、制备及组装性质，构筑基元自组装形成超分子体系过程的规律及调控方法，可控自组装技术及新型超分子体系的物理和化学性质，超分子结构、形成过程的理论研究方法和实验表征技术。

4）复杂体系的理论、模拟与计算：复杂体系中从结构到性能预测为导向的计算方法；普适可靠的密度泛函形式，高精度和低标度的电子相关理论，以及激发态结构与过程理论；物质形态转换过程中化学反应过程的理论与计算；高维、多自由度及凝聚相体系的量子动力学理论与非平衡、非线性统计理论，面向自组装结构与过程发展多尺度的动力学理论。

5）分析测试原理和检测新技术、新方法：复杂样品系统分离与鉴定方法学，多维、多尺度、多参量分析测试新原理与新方法，组学分析中的新方法和新技术，面向国家安全、人类健康、突发事件的分析方法与技术，分析器件、装置、仪器及相关软件的研制，极端条件下的分析化学基础。

6）绿色与可持续化学：有毒、耗能和污染产品的分子替代与可持续产品创制，高效"原子经济性"新反应，无毒无害及可再生原料的高效转化，环境友好的反应介质的开发和利用，绿色化工过程与技术，全生命周期分析与评价。

7）污染物多介质环境过程、效应及控制：环境分析新方法、新技术原理，大气复合污染过程与控制原理，水体与土壤污染过程、控制与修复原理，污染物的生物有效性与生态效应的化学机制，污染物的生态毒理与健康效应，污染物界面过程、生物转化与毒性效应，污染物多介质界面行为，区域环境过程与调控，纳米颗粒物的环境行为与生物效应，环境友好和功能材料在污染控制中的应用，化学污染物暴露与食品安全，化学品的风险评估与管理的理论与方法。

8）化学与生物医学交叉研究：基于化学小分子探针的复杂生

物体系中的信号转导过程，分子、细胞、组织等结构与功能关系的化学过程，具有重大意义的生物大分子及其类似物的合成及功能，非编码 RNA 结构与功能，干细胞化学生物学及神经化学生物学，化学探针，分子成像等生物体系中信息获取的新方法和新技术，探针分子的筛选及其作用机制，计算机模拟技术特别是针对复杂生物网络体系的计算技术。

9）功能导向材料的分子设计与可控制备：不同尺度物质间相互作用的机制及其调控规律，表/界面的结构调控与功能化，"从分子到固体"的组装过程和规律，构筑有序纳米结构和材料，光电磁及其复合性能等功能无机晶态材料的分子设计与可控制备，有机/高分子光电功能材料的设计与可控制备，软物质与生物医用材料的分子设计与制备，催化功能材料的分子设计与可控制备，极端条件下材料的化学结构形态及物相的控制和调控。

10）能源和资源的清洁转化与高效利用：化石能源高效清洁转化和提高能源效率的化学化工基础，生物质高效转化的化学化工基础，我国特有资源的高效高值利用的化学化工基础，太阳能高效低成本转换利用的化学化工基础，核能高效安全利用的化学化工基础，新型、高效、清洁的化学能源的化学化工问题，新型替代和潜在能源的化学化工问题。

11）面向节能减排的过程工程：化石资源利用过程中的高效、低碳排放转化的共性科学基础，可再生能源开发利用中的化工基础，外场强化下的资源转化机理和节能理论，非常规介质强化反应传递过程的机理和调控机制，面向过程工业的先进计算、模拟与仿真系统，大规模资源转化过程的优化集成与多尺度调控。

为落实本规划的战略部署，实现发展目标，提出包括争取加大财政投入、加大对化学科学领域的科技专项立项、加大人才队伍培养和创新团队建设、加强项目管理和改进评审机制等在内的保障措施。

The report summarizes the rules of development in chemistry, discusses the current status of chemical science in China, and forecasts the trends in chemistry in China and all over the world in the next 5-10 years. It also provides advice on the direction of development, focusing areas, and the most important interdisciplinary research fields in the period of "the Twelfth Five-Year Plan" as well as in the following 10 years. This report includes 7 sections, as follows.

Strategic Status of Chemical Science

Chemistry, together with physics and biology, constitutes the core of natural sciences. Chemistry concerns the structure and behavior of atoms (elements), the composition and the properties of compounds, the transformation interaction between different chemical substances or between matter and energy. As one of the fundamental and creative sciences, chemistry plays an irreplaceable role in understanding the nature and changes of the physical world, creating new matter with distinct functions, and supporting the chemical, pharmaceutical, materials and energy industries, which ensures sustainable economic and social development and promotes human civilization, progress, and evolution. Consequently, during the process of development, chemistry becomes cross-disciplinary with other subjects resulting in the emerging of new frontiers and takes the leading role in the development of basic science.

At different time and spatial scales, the focus in chemistry includes the composition, structure and morphology of matters, the physical properties and biological activities, as well as their chemical transformations. It also includes using chemical theory and the unique language to describe the intriguing physical world and revealing the physical changes and the mysteries of life processes. Chemistry not only helps to understand the nature and laws of physical world, advance the views of nature and human material world, but also creates new matter with distinct characteristics. Through breaking and reconstructing the chemical bond, together with non-covalent interaction and (self-)assembly beyond the molecular level, chemistry creates and builds a new (synthetic) physical world, which provides an inexhaustible material basis for the rapid and innovative development of other disciplines, and furthermore, meets the requirement for discovering new medicines, new materials, and new energy to improve the economic and social development. New concepts for sustainable "green chemistry", including the optimal usage of resources, ecological environment-friendly, sustainable economic and social development, make the profound impacts leading to the significant changes for chemical manufacturing and related industries.

Trends for Further Development

Through analyzing the process of chemical science development and the current situation of subareas of chemistry, the laws and characteristics of chemistry can be summarized as follows:

Expanding the Scope of Chemical Research and Improving Innovative Methodology and Technologies

Beyond the molecular level, chemists begin to explore the design and construction of macromolecules, supramolecules and oligmers, and understand the performance and the nature of intermolecular interaction of the components. From the experimental and theoretical aspects, we should strengthen the studies such as the relationships between structure and function of these molecules including supramolecules and oligmers, scale effects and multi-scale chemical processes, the establishment of experimental and theoretical methods for multi-level complex systems as well. The tremendous development of modern science and technology, especially the construction and evolvement of large scientific facilities, becomes a strong impetus to establish the principles, methods and technologies for analyzing and examining physical and chemical properties such as the morphology, structure and content, which enables dynamic, fast and easy analysis of the structure and nature of materials *in situ* and in real-time.

Highlighting Interdisciplinary Chemical Science

The subareas of core chemistry that continue to cross-link and integrate promote the entire development of chemical science. For example, inorganic chemistry gave birth to organometallic chemistry, which contributed significantly to the discovery of new reactions in organic chemistry and consequently promoted the development of organic chemistry. On the other hand, chemistry cross-links with life science, material, energy, environmental sciences, and information science which form new cross-disciplines such as chemical biology, materials chemistry, environmental chemistry, energy chemistry. In 2009, the Chemistry Department, National Science Foundation (USA) adjusted its grant programs to chemical catalysis, chemical detection and imaging, chemical structure/dynamics and mechanism of chemical synthesis, chemistry of life process, environment chemistry, macromolecular/supramolecular and nano chemistry, theoretic modeling and calculation.

Playing Increasingly Important Roles in Social and Economic Sustainable Development

Chemistry provides new methods to solve the food problem, address environmental issues and advance material and information science and technology, which are effective safeguards to improve the quality of human life. More importantly, chemistry plays an indispensable role in national strategy and safety, and the rational utilization of energy and resource.

In summary, through the analysis of development of chemical science in recent years and the comparison of current status of international and domestic development, the trends of chemical science in the next 10 years can be broadly described as four aspects: (a) To identify and create new materials is the core mission of chemistry. The utilization of new theories, new methods and new technologies to clarify the structures of new materials and reveal the mechanism for chemical reaction process are the subjects we should focus on for quite a long time. The breakthrough in these areas will bring new changes into the chemical sciences. (b) Chemistry is the kernel of modern science and technology. The development of chemistry will promote the progress of other science and technology, the formation of cutting edge research, and to generate new branches of chemistry and impetus for further development resulting from the interface of these disciplines. (c) Chemistry will be substantially involved in studying the important and challenging scientific issues in modern sciences such as the complex systems, the origin of life science, etc. More attention will be focused on the integration of theory and experiment in the development of analysis and characterization techniques in chemical compositions, structures and properties. (d) Chemical science will play increasingly important role in improving the quality of our daily life and building a harmonious society. The transformation of the engineering process based on chemical synthesis and reactions to practical application will be accelerated.

Current Status of International and Domestic Chemical Research

The fundamental research of chemical science in China has begun to integrate with the world's cutting-edge study of chemistry and is in the critical historical stage of "from big to strong". With the rapid progress in research and the growing international impact, a bunch of independently developed key technologies have made significant contributions to speed up the petroleum industry, chemical industry, as well as other fields in China. Thousands of research groups have been established and a considerable large number of researchers have been involved in the chemical research work in China. This makes it possible for in-depth study of important scientific problems in chemistry.

Year after year, the output of published papers in the field of chemistry gradually increased, as well as the number of cited papers and the number of citations. In the decade of 1999 to 2009, the total number of papers published in the SCI journals in the field of chemistry from China ranked the second all over the world. Especially in the years of 2007 and 2008, China surpassed the United States and took over the first position in this index. Also, the number of citations for those published papers is the fourth high in the world. China is the fastest-growing nation of publishing SCI papers in chemistry. From 2005 to 2008, China was one of the major contributors for reported important research results and the number of highly cited papers has exceeded those from Japan. Both the quantity and the quality of the papers by Chinese authors in chemistry increased significantly. From 2002 to 2009, 1090 out of 24 505 papers ($\sim$4.5%) published in *J. Am. Chem.* Soc. were from Chinese authors, ranking the seventh in the world. Since 2007, the total number of papers published in *J. Am. Chem. Soc.* from mainland China took the fourth place over UK and France (USA 4832, Japan 1076, Germany 739, China 542, UK 523, and France 459). From 2002 to 2009, 751 out of 11 594 papers ($\sim$ 6.5%) published in *Angew. Chem. Int. Ed.* were from China, ranking the fourth (USA 1311, Japan 1197, Germany 578, China 389, UK 371, and France 341).

More and more Chinese chemists play important roles in major academic institutions such as IUPAC. They also serve as editors, associate editors, editorial board, editorial board consultants of important academic journals, including *Acc. Chem. Res.*, *Chem. Soc. Rev.*, *J. Am. Chem. Soc.*, *Angew. Chem. Int. Ed.*, *Adv. Mater.*, etc.

Layout and Direction of Chemical Science

In the next 5 to 10 years, the guiding principle of the development layout in chemistry in China is to balance the development of disciplines, to strengthen interdisciplinary collaboration, to maintain leading position in superior fields, to focus on integration of theory and practice, to encourage original ideas and technologies, to advocate function-oriented research.

From the perspective of emphasis on original research, substantive groups of competitive chemical research teams with international impacts will be formed aiming at the state of the art in each division of chemistry which firmly associated with strategic needs of the country. The research evaluation system will be improved to balance the development of various branches of chemical science in a sustainable and concerted way, to enhance and maintain the leading position in advantageous and unique research areas, to continue to drive cross-link with other disciplines, to enhance the original innovation in fundamental studies, to promote the transformation and industrialization of scientific achievements and technology, narrow the gap with the developed countries, to entirely raise the supporting role of chemistry in independent innovation capacity, to remodel the public image of chemical science in the community, and to realize leap-forward development of chemistry.

The chemical science in China has a long and good tradition. Nowadays, combined with its development foundation and international developing trends, the chemical science in China focused on major strategic needs including the national economy, social development and national defense construction. The overall goals of the development of chemical science in China by 2015 are: (a) to complete chemical discipline layout of various branches, foster the emerging cross-disciplines, (b) to strengthen the interdisciplinary crossing, integration and penetration, (c) to promote the balanced and sustainable development in the interior of chemical disciplines, (d) to enhance the capability of independent innovation, (e) to increase comprehensive strength of fundamental science and advanced technology research, (f) to achieve breakthroughs in a number of scientific frontiers and emerging areas, (g) to accomplish a series of international-level innovative research achievements, (h) to resolve a number of crucial scientific problems for national economic and social development, (i) to upgrade the level of chemical research to the world class, (j) to cultivate and foster a group of distinguished scientists with international reputation and impact on the forefront of science, (k) to raise the overall level of fundamental research and international competitiveness, and provide strong support in building a well-off society and contribute in constructing innovative country and ascending to world-class technological power in 2020.

In order to achieve the rapid development of Chinese chemical science and to reach world-class level in the next 5 to 10 years, it is necessary to adopt the following strategies.

1) Continue to stick to chemical synthesis and theory as the core and be oriented by massive demands in material, energy, life agricultural environmental sciences and information science, maintain current advantages, develop new featured fields, and adhere to the "Dos and Don'ts".

Thus, the development of efficient, low consumption and green chemical synthesis, energy and material conversion systems and related technologies is crucial to strengthen the conversion of fundamental research ideas and methods to the principles of device design and fabrication, to enhance the sense of exploration and innovation, as well as the coordinated development of fundamental research and practical application, to accelerate comprehensive development of chemical sciences and eventually narrow the gap in chemical science with the developed countries. Herein new fields and disciplines maintaining the characteristics of chemical science arise from the existing advantageous research areas and other research disciplines.

2) Achieve breakthroughs in the frontier and burgeoning areas of chemical sciences, and obtain international recognition.

In the frontier and developing areas of chemical science, based on our current capabilities and advantages, we should focus our research work on those key issues and unanswered questions related to people's livelihood and national security. Specifically, we shall try to achieve a series of research breakthroughs in the following areas: (a) design and controllable synthesis of molecular assembly, understand the relationship between structures and functions, explore the various condensed chemical materials with interesting properties through preparation, characterization and computational modeling studies, (b) design and mechanistic studies of catalysts with high capability for efficient energy conversion and material transformation, (c) new drug discovery. Put more efforts on our currently ongoing systematic research of efficient and sustainable usage of our country's proprietary resources. Based on our current research findings, we shall develop new thoughts, new concepts, new methods and new principles that can be applied to the design and synthesis of structurally complex molecules with intriguing properties. There shall be some internationally recognized, important and groundbreaking discoveries and research findings by chemists, which in turn will enhance the image and scientific status of our country in the world.

3) Build new growth engines and interest points by further strengthening interdisciplinary research on material science, life science and information science and focus on the frontier research areas.

By focusing on cutting edge chemistry research and our nation's strategic needs, we shall build better disciplinary infrastructure, further strengthen the interdisciplinary cross-link and collaboration between various subareas in chemistry, between chemistry and the other subjects such as material science, life science, informatics, nano science etc., develop some growth points in chemistry research, and give chemistry new meanings and vitality. Focusing on developing some strategic and frontier research areas, such as new energy, environmental science, bioscience, catalysis, etc., we shall organize and manage interdisciplinary research and multiple disciplinary researches. Put more efforts on research of the assembly, combination, application and structure-properties relationships of function-guided new materials. Cherish and encourage innovations, build a national supporting platform for scientific, economic and social development research, and foster high-level, innovative, and highly capable scientists that can support our country's development in the new century.

4) Obtain substantial amount of applicable research findings with intellectual authorization protections that meet the requirements of economic development and national defenses.

This includes: (a) efficient and environment friendly fossil energy consumption/conversion, (b) solar power and nuclear power application, (c) technologies related to the generation, transformation, storage and transportation of photons, electricity and magnetism, (d) science and technologies for the diagnosis and treatment of human health problems, (e) biosciences and agro sciences of reproduction, (f) growth and anti-adversity of plants, (g) separation and purification technologies for water resources utilization, soil treatment and air quality monitoring and improvement. The progress in these key areas should result in substantial advancement and major breakthroughs for our country's sciences and research. Aligning basic research with the domestic needs, and under the guideline of "being selective in what we do", we'll achieve some meaningful research results and findings with great international impacts and important applications, which will be the great contributions to the nation's continues growth and development and overall well-being.

5) Build many research institutions with international qualities and standards, and foster a group of talented young scientists with great international visions and impact to lead their research teams.

Prior optimization of our current resource allocations leads to building a number of international level institutions for interdisciplinary research, information sharing in basic sciences and cutting-edge technologies. With the current supports of all national laboratories, state key laboratories and open laboratories, and continued exemplary and leading roles of institutions in the more economic developed and intelligence concentrated areas, we should also shift our efforts toward those institutions in less economic developed western China, following the central government's strategic decisions on "develop the west, boost the northeast, rise the central provinces". High quality scientists and professors are the indispensable part of the national advancement in science and technology and our country needs much more of those people. We shall put more efforts on building and keeping high quality scientific teams, fostering and/or attracting more elite scientists with international educational background and interdisciplinary research experiences, to provide vital intelligence support for the strategic goals of chemical science development for the national "Twelfth Five-Year Plan". A group of young talented scientists with great international visions and impact will be fostered within the frameworks of key research projects, key research institutions, and internationally collaborated projects. Under the nation's guideline of importing oversea talents, we shall attract more and more elites with oversea experiences in order to improve our country's overall research quality. We should also provide a suitable management system and healthy working environment for all scientists that can educate, recognize and attract talents and hence allow all talents to fully explore their potentials. These innovative research teams with global visions and international qualities will be a contributing factor for the significant improvement of our national chemical science research quality and international impacts.

Priority Research Areas and Major Advanced Interdisciplinary Researches

The guidelines of this strategic layout include four parts. (a) Interdisciplinary sciences: open up new areas of research; explore interdisciplinary research of chemistry and physics, bioscience, material science and information technology. (b) National goals: meet the needs of our nations' economic and social developments; meet the challenges in areas such as green and efficient resource utilization, environmental protection, human health and new material development, discover or create new theories, methods and technologies in basic chemical research and basic application-based research. (c) Chemistry-oriented research: due to its intrinsic characteristics, chemistry is a discipline to study the physical world from various perspectives from single atom, to single molecule, and to polymers. Chemistry should continue to be at the central stage of innovation: creating new materials, developing new methods, and discovering new theories. (d) Frontier-oriented research: concentrate on frontiers of chemical research with original innovation, research areas with competitive advantages, and basic scientific research under the guideline from the Party Committee of National Nataral Science Foundation of China: "focus on basic research, focus on frontier research, and focus on talents."

The suggested high priority research areas of chemical science and interdisciplinary research are as follows.

Synthetic Chemistry

The focuses are theories and methods for design of novel function-oriented materials, mechanisms of molecular tailoring and assembly, the mechanism of complex systems, exploration of novel synthetic strategy, conception and technology, and synthesis and preparation under extreme conditions.

Chemical Structure, Molecular Dynamics and Chemical Catalysis

This part includes: static, dynamic and transient structures, dynamic process of self-assembly and hierarchical structures; measurement and control of the structure of single molecules on the surface; theories and experimental technologies of the dynamics of chemical reactions; the nature, dynamic and control of interfacial chemical reactions; mechanisms and modulations of catalytic processes; chemical reactions and material structures under extreme conditions; techniques and methods for ultra-fast time-resolved, high spatial-resolved and high energy-resolved spectrum measurements.

Macromolecular and Supramolecular Chemistry

Developing controllable/living polymerization methods to synthesize macromolecules with different topologies and functions; developing novel "non-petrol" protocols to prepare macromolecules with renewable resources; developing biological synthesis method to prepare medical polymer materials; exploring the dynamics and mechanisms of hierarchical structures of polymers; developing stimuli-responsive polymers with different chain structures and hierarchical scales (characteristics of soft materials); studying the scientific issues and modulation disciplines of the interactions within biological materials and cells; investigating the design, fabrication and assembly properties of building blocks of function-oriented supramolecular systems; exploring the disciplines and modulation methods for the self-assembly procedure of building blocks to form supramolecular systems; developing controllable self-assembly techniques to construct novel supramolecular systems and study their unique physical and chemical properties; developing theoretic study methods and characterization technologies of functional supramolecular materials.

Theory, Modeling and Computation For Complex Systems

Development and application of the computational methods for the purpose of structure and property prediction of complicated systems; development of universal and reliable DFT, electron correlation theory with high accuracy and low graduation, development of the theory of the structure and process of exited state; development of theory and computation of chemical reactions during the transformation of materials; development of quantum kinetic theory of high-dimensional, multi-degree of freedom and condensed-phase systems and statistic theory of non-equilibrium and nonlinear systems; development of multi-scale kinetic theory for self-assembly structure and processes.

Analysis Theory and Novel Detecting Technology and Method

Separation and identification methods for complicated systems; new theory and method research of multi-dimension, multi-scale and multi-parameter analysis; novel methods and techniques in group analysis, analysis methods and techniques for national security, human health and emergencies; development of analytic devices, equipment, instruments and software; and fundamental research of analytical chemistry under extreme conditions.

"Green Chemistry" and Sustainable Chemistry

Manufacture of sustainable products; novel reactions of high "atomic economy", efficient conversion of non-toxic, harmless and sustainable raw materials; development and exploration of environment-friendly reaction mediums, green chemical industry processes and techniques, and life-cycle analysis and evaluation.

Basic Chemistry Issues in the Living Environment of Human Beings

New methodology for environmental analysis; novel technology resolving combined pollution of air, water and soil, and the corresponding theory of regulation and restoring processes; chemical mechanisms of ecological effect and ecological toxicity of pollutants; theoretical research on interface effect, biotransformation and toxic effect of pollutants; process and control of multi-medium interface behaviors and regional environment; biological effect of nano-particles to environment; application of environment-benign materials and functional materials in pollution control, food safety and chemical pollutants' exposure as well as the theory and method in risk assessment and management of chemicals.

Interdisciplinary Research between Chemistry and Biomedicine

Investigating the signal transduction process in complex biological systems based on small molecule probes as well as the relationship between structure and function of molecules, cells and tissues; revealing the chemical nature of life process; synthesis and function studies of significant biological macromolecules and its analogues; structure and function studies of non-coding RNA, stem cell chemical biology and nerve chemical biology; new methods and technologies of information access in biological system including chemical probes, molecular imaging, screening of molecular probes and mechanism study, and computer simulation technology, especially for complex biological networks computation study.

Rational Design and Tunable Preparation of Function-oriented Materials

The interaction mechanism of materials in different scale and the law of regulation; regulation and functionalization of surface and interface, assembly process and laws "from molecule to solid"; construction of ordered nano-structures and materials; molecular design and controllable preparation of functional inorganic crystalline materials with optical, electric, magnetic and composite property; molecular design and regulated preparation of optoelectronic functional organic/polymer materials, soft materials and biomedical materials; the catalytic functional materials, as well as chemical structure morphology and phase of chemical materials under extreme conditions.

Clean Conversion and Efficient Use of Energy and Resource

Chemical engineering foundation of efficient and clean conversion of fossil energy; energy efficiency improvement, efficient conversion of biomass, effective use of the unique resources of our country; effective and low-cost solar energy conversion, as well as efficient and safe use of nuclear energy; chemical engineering problems with respect to novel, efficient and clean chemical energy utilization as well as new alternative and potential exploration.

Process Engineering Oriented Energy Conservation and Emission Reduction

Common scientific basis of high efficiency and low-carbon transformation in the process of utilization of fossil resources; chemical engineering foundations for exploitation and utilization of renewable energy; resource transformation mechanism and energy saving theory in the external field strengthened process; mechanism and regulation of strengthened reaction transferring process in unconventional media; process industry oriented advanced computing, modeling and simulation systems, as well as optimized integration and multi-scale control of large-scale resources conversion process.

International Collaboration

In the past, the chemical research in China was further promoted through international cooperation and exchange programs supported by NSFC. NSFC supported leading Chinese chemists to organize international and bilateral conferences which offer opportunities for Chinese chemists to establish connections and collaborations with foreign partners. Also, NSFC together with the corresponding foreign founding agencies supported international collaboration projects.

In the next ten years, NSFC will continue to support international collaboration in Chemical Sciences. Apart from organizing international and bilateral conferences and implementing collaboration projects, NSFC will pay more efforts to bring up young chemists and establish international evaluation systems through international collaboration.

Effectual Approach to Guarantee the Future Development

A series of essential means, including increasing financial support, enhancing support to the chemistry scientific project, reinforcing cultivation of talents and construction of innovation groups, strengthening management of projects and improving evaluation process, are proposed in order to effectively implement this strategic plan and to achieve the anticipated objectives.

目录

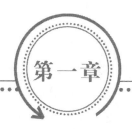

第一章

化学的作用与战略地位

化学是研究物质变化和化学反应的科学，是与材料科学、生命科学、信息科学、环境科学、能源科学、地球科学、空间科学和核科学等密切交叉和相互渗透的中心科学，是一门发现和创造新物质的科学。化学作为"核心、实用、创造性"的科学，在人类认识自然和学习自然，提高人类的生活质量和健康水平，促进其他学科发展，推动社会进步等方面已经发挥而且正在发挥着巨大的、不可替代的作用。现代化学倡导绿色和可持续发展的理念，在追求物质资源利用最大化、环境影响最小化的同时，为实现经济可持续发展、建设环境友好的人类社会不断开辟新的能源、创造新的物质。

第一节　化学在认识自然中的重要作用

一个多世纪以来，化学已经为人类认识物质世界和促进文明进步做出了巨大贡献。化学研究物质结构的多样性和分子多样性，合成制备了数以千万计的新分子和化合物，发展了化学合成理论和技术，为探究生命起源，创造生物活性物质、新材料及新药物奠定了坚实的理论和实验基础。化学研究物质之间的转化规律，探究化学反应的机理，为在真实时空认识物质转化过程，揭示物质转化本质奠定了基础。化学创立了研究物质结构和形态的理论、方法和实验手段，认识了物质性能对物质结构的依赖性，为设计制备各类特种化学物质提供了有效的方法和手段。化学研究也正在向分子以上层次拓展，以期认识超分子、分子聚集体及其更高级结构的形成、构筑、性能，以及其内部分子间相互作用的本质，从而为理解生命过程、不断提高人类的生存质量和健康水平提供保障。化学不断建立和完善各种用于分析和检测物质形态、结构、含量及其理化特性的原理、方法和技术，满足原位、在线、高灵敏度监测环境质量的需要，在环境污染物的分析检测、转化过程、毒性机理及有效控制等方面提供理论基础和技术基础。现代化学更加关注学科的绿色和可持续发展，不断发展对环境友好的化学反应和化学过程，从源头上解决化学过程对生态环境的污染问题。化学重视对复杂化学体系的研究，从理论和实验两个方面探索体系的结构与功能的关系，研究化学中的尺度效应和多尺度化学过程，建立复杂体系多层次结构研究的理论和实验方法。化学注重信息技术在化学中的应用，将信息储存、分析、加工、利用，以及实验结果的理论处理和高效计算技术用于设计、筛选和虚拟分子库构建等方面。总之，化学为推动当代社会进步提供了必要的物质流、能量流和信息流，是当代自然科学最重要的支柱之一。

第二节　化学在满足国家重大需求中的战略地位

化学面对来自生命科学、材料科学、信息科学等其他学科发展的挑战，应对人类认识自然提出的新要求，在不断开拓新的研究领域的同时，不断地创造新物质来满足人民的物质文化生活需要，造福人类。当前，针对能源与资源的高效开发利用、环境保护与治理、人口与健康等问题，开发具有不同性能的新材料成为摆在化学工作者面前的一项重大挑战，需要化学工作者在更深层次上进行化学学科的理论基础和应用基础研究，提出新的理论，建立新的方法和手段。经济社会的发展对化学不断提出新的更高要求，主要体现在以下七个方面。

一、化学是人类赖以解决粮食问题的重要学科之一

我国是农业大国，农业是国民经济的基础，是人民健康、经济可持续发展和社会长期稳定的决定因素。我国人口在 21 世纪中叶将达到 16 亿人左右，保持农业的可持续发展是我国面临的艰巨任务。农业发展的首要问题是确保全国人民的食物供给，其次是不断提高食物的品质，还要保护并逐步改善农业生态环境，为农业可持续发展奠定基础。化学将在开发高效肥料、高效农药、农膜，特别是开发环境友好的生物肥料、绿色农药和生物可降解的农用材料，以及开发新型农业生产资料等方面发挥巨大的作用。例如，尿素是历史上第一个由无机物合成得到的有机物，是最主要的氮肥之一，在农作物的丰产丰收中发挥了至关重要的作用。需要提及的是，近 20 年来，化学家合成和发展了一系列高效、低毒、生物可降解的环境友好型绿色农药，这些新型农药必将在未来建设环境友好型农业中发挥重要作用。

科学家在光合作用研究方面已经走过了漫长的岁月，目前对光合作用已经有了比较详细的了解。在不远的将来，通过综合利用各种先进手段，科学家有望揭示光合系统高效吸能、传能和转能的机理，建立反应中能量转化的动力学模型和能量高效传递的理论模型，从而达到高效利用光能为农业增产服务的目的。

二、化学是提高人类生存质量的有效保障

不断提高生存质量和健康水平是人类的基本要求，是社会进步的重要标志，也是时代和社会赋予化学工作者的重要责任。人类的生长、繁衍、衰老和死亡等所有生命过程都包含复杂的化学过程，人类的生活质量也取决于天然的和合成的化学物质。目前，对于这些复杂生物过程的研究正处于分子水平的关键阶段，迫切需要化学家和其他科学工作者共同努力，从而设计合成新的疾病诊断、治疗与预防的药物和医用材料，以减轻各种疾病给人类带来的痛苦，促

进生命科学、医学的发展，提高人类的生活质量。

化学将为人口与健康做出重要贡献。各类药物、人造骨骼、人造血管、人造血液等的制造都需要合成化学的技术。化学与我国传统的中医药相结合，正逐渐推进中药现代化，并在继承和发展中医药这一祖国悠久的历史遗产中发挥着重要作用。现代化学所发展的快速、简便的分析测试方法和技术为生命科学研究提供了先进的研究手段，为人类基因组计划，以及方兴未艾的蛋白质组学和代谢组学等多种组学的研究奠定了基础，同时为疾病的早期诊断和预警提供了新的方法和技术。

三、化学在能源和资源的合理开发和高效利用中发挥关键作用

能源是国民经济、社会发展和人民生活水平提高的重要基础。能源工业在很大程度上依赖于化学过程，能源消费的 90％ 以上依靠化学和化学工程技术。控制低品位燃料的化学反应，提高能源转化效率，是化学实现既保护环境又降低能源成本的目标所面临的一大难题。煤、石油、天然气等化石能源，因储量有限并且不能再生，所以其消耗殆尽已成不可逆转的趋势。为此，必须开发新的能源资源，才能满足人类发展对能源越来越高、越来越多的需求。具有重要战略意义的新能源的开发，包括太阳能、生物质能、核能、天然气水合物及次级能源，如氢能和燃料电池等，均急需化学家提出新思想、创造新概念、发展新方法。

煤化工、石油化工和天然气工业过程中的许多重要过程都是化学的重要研究内容。传统化石燃料能源体系的高效利用离不开化学。在催化材料及其表/界面控制、化石能源和生物质的均相/非均相高效催化和绿色过程、氢和甲烷等燃料分子的存储和输运、新能源开发和利用、光/电及电/光转化、热/电及电/热转化，以及水的催化裂解等绿色转化及应用领域，化学将发挥着无法替代的关键作用。同样，化学在核能、太阳能和风能的利用过程中也扮演着重要角色。

化学在煤炭、石油和天然气资源的开采利用，天然动植物资源和海洋资源的利用，战略金属和非金属元素资源的高效开采利用等方面发挥着不可替代的作用，为合理利用资源并把资源优势转化为技术优势提供保障。

四、化学是先进材料、信息技术和产业的基础

化学是先进材料的"源泉"。化学创制新的物质以代替传统或稀缺的物质，化学家赋予材料光、电、声、磁等物理性能和化学反应性能，给人类社会带来半导体材料、光学材料、磁性材料、超导材料、超高温耐热材料、超硬材料等新材料。揭示半导体材料、光学材料、磁性材料、超导材料、超高温耐热材料、超硬材料等的组成、结构与性能的关系等均依赖于化学的原理和方法。

化学为先进信息技术和产业提供了新型材料和新的概念，发展了一大批存储材料、导电材料、显示材料等新材料。例如，有机发光二极管及有机液晶材料已经被分别应用于各类照明、大屏幕显示，以及手机、计算机和电视液晶显示器中，创造了良好的经济和社会效益。电子通信、计算机等技术的发展，对更复杂、更小巧的电子器件及电子器件的集成度提出了更高的要求。然而，在单晶硅片基础上生产大规模集成电路器件的技术已不能满足要求，新的化学方法将为超大规模集成电路提供新的物质基础。器件的小型化莫过于实现分子水平的器件功能化，开发和研制分子纳米器件已经成为当今分子电子学领域的重大课题。

五、化学为解决环境问题提供方法和手段

作为经济高速增长的发展中国家，我国目前正面临着比发达国家更加复杂的环境问题，而妥善解决环境问题是社会经济可持续发展的重要保证。化学不仅可以提供在线的高灵敏度环境监测方法，同时也可以提供控制、治理环境污染的手段和途径。发现和探索不同于"传统"化学的新思路、新理论不仅是解决环境问题的根本出

路，而且对化学自身的发展具有深远的意义。

化学在降低污染物排放、修复污染环境、改善生态环境和保障人类健康等方面都发挥着不可替代的作用。例如，化学为重金属、持久性有机污染物等重要污染物的富集、分离和检测提供了关键技术和材料，为污染物削减和水资源保护提供了方法和物质基础；通过发展绿色有机化学与有机化工，如开发低毒试剂、原子经济性反应、无溶剂反应、水相反应、离子液体中的反应、高效催化反应等，可以从源头上预防化工行业环境污染的发生。

六、化学在满足经济社会发展需要方面发挥重要作用

我国过程工业技术和生产装备相对落后，普遍存在资源利用率低、能耗高、污染严重等问题。某些行业的资源利用率仅为 10%，单位产值能耗是世界平均水平的 2～4 倍，空气、水和固体废弃物污染严重。作为化学的重要内容，化学工程是多学科交叉结合形成的应用于物质转化过程的工程科学分支之一，支撑我国制造业约50%的产值，是涉及资源、能源、化工、冶金、环境、制药、化肥、食品等众多行业的过程工业发展的应用基础科学。实现核心技术的源头创新、节能降耗，创建高效、清洁、节能、安全及经济的物质转化工艺、过程和系统，进而实现产业结构的调整，显然需要化学工程的指导。

进入 21 世纪，以"三传一反"为核心基础的化学工程、化学过程工程和化学产品工程等新学科领域发展迅速，正在向更为宏观的过程生态系统和更为微观的原子/分子和纳微尺度延伸，并致力于建立跨尺度的统一理论体系和方法，以进一步满足传统化学工业产业结构的调整和以生物、纳米、信息和材料为代表的高新技术产业的迅速发展的重大需求。

七、化学为国家安全提供保障

化学在国防、军工产品开发和生产等方面发挥着重要作用。化

学为研制和开发航空、航天、潜艇等急需的特种材料提供新的制备方法和加工原理。这些尖端军用材料具有重要的战略地位，直接关系国防安全。

化学为食品安全、空间探测和国土安全等提供关键的检测技术。许多危害公共安全的毒品、剧毒品、爆炸物、易燃物等的使用和储运检控需要丰富的化学原理和技术。目前，用于机场、车站、码头、景区等重要公共场所的安全检查装置大多采用了化学检测技术。由于恐怖主义的潜在威胁及新传染病的不断出现，研究建立快速灵敏的分析方法与预警系统至关重要。化学将在这些方面发挥不可替代的作用。

第三节　化学极大地推动其他学科的发展和相关技术的进步

一、化学的发展与物理、数学等科学密切相关

现代化学的形成和发展得力于物理、数学等基础科学的基本理论和技术，同时反过来也促进了它们的发展，丰富了它们的内涵，热力学、物质结构理论、量子力学等学科的形成和发展无不是最好的例证。从总体上看，当代科学的发展表现出分化和综合并存的趋势。一个很好的例证就是，远离平衡态的耗散结构理论的研究、前线轨道理论及分子轨道对称守恒原理的研究、分子反应动力学的交叉分子束的研究，都影响深远并获得了诺贝尔化学奖。另一个例证是，原子簇、分子簇、光物理与光化学、激光化学、表面科学、新材料的研究等均成为物理学家和化学家共同关注的课题。现代化学在材料合成、制备和加工等方面取得的成就推动了物理科学在高温超导和巨磁阻等领域的重大突破。

二、化学为生命科学提供新的研究理论、方法 和手段

化学为阐明自然界最高级形态中物质的结构与功能，研究生命过程中的物质、能量转化规律等奠定了基础。例如，无机化学对金属酶的结构和生物作用的研究，金属对核酸、蛋白质等生物大分子的调控研究及无机药物治疗与诊断药物的发展等，大大促进了生命科学和现代医学的发展。物理化学、有机化学等原理和方法为现代生物化学和分子生物学等的发展提供了理论支撑，同时为揭示生理、病理过程奠定了理论基础。有机化学在蛋白质和核酸的组成与结构的研究、序列测定方法的建立、合成方法的创建等方面，为分子生物学的建立和发展奠定了基础，同时为人类的医药卫生事业提供了有效的工具。分析化学为生物分子高效灵敏检测、药物作用机理研究等提供了有力手段，同时为疾病的早期诊断与预警提供了方法学上的可能。高分子科学在生物医用材料、药物控释体系及高性能仿生器件等方面的研究成果极大地促进了生物医学领域的发展。

三、化学是材料科学发展的重要源泉

材料是人类赖以生存和发展的物质基础。我国国民经济的发展、工业和国防现代化的实现，均依赖于各种不同性能材料的开发与应用。化学在原子、分子和分子以上层次上研究材料组织结构的设计、控制及制造，创制新的物质以代替传统或稀缺的物质。化学家赋予材料光、电、声、磁等物理性能和化学反应性能，为人类社会提供半导体材料、光学材料、磁性材料、超导材料、超高温耐热材料、超硬材料等新材料。化学为材料的合成与制备，揭示材料的组成、结构及其与性能之间的关系，提供了核心支撑和指导。例如，在无机材料的优化和新型功能材料的开发中，离不开无机合成化学和构效关系规律的发展；自由基化学和金属有机化学等的发展，促进了高分子材料的研究；对芳香杂环化合物以

及相关的共轭体系的研究，大大推动了有机光电功能材料的
发展。

四、化学是纳米科学和技术发展的基础

纳米技术是近 10 年来最富有活力、发展最为迅速的研究领域，
将为工业技术的提升带来新的机遇，成为 21 世纪主流的科学技术，
引发新的工业技术革命。纳米科技研究涉及多学科领域，是高度交
叉的综合性学科，也是一个融前沿科学和高技术于一体的完整体
系。它不仅包含以观测、分析和研究为主线的基础学科，同时还有
以纳米工程与加工学为主线的技术科学，包括纳米物理学、纳米化
学、纳米材料学、纳电子学、纳米生物与医学、纳米能源学及纳米
表征测量学等。纳米科技的最终目标是以原子、分子为起点，"自
下而上"，从纳米材料或纳米结构出发，或利用纳米加工技术，制
造出具有特殊功能的材料、新型器件和系统。因此，化学是纳米科
学和技术发展的基础。化学家所创造的新分子及其自组装结构为纳
米科学研究提供了丰富的研究对象，化学的理论对纳米结构、纳米
材料的制备和性能研究起着重要的指导作用，表/界面化学的研究
成果将为纳米器件的构筑提供新的设计思想，同时现代化学的研究
方法和手段也促进了纳米技术的快速发展与进步。

五、化学在环境科学发展过程中发挥重要作用

化学在认识和解决环境问题中发挥着至关重要的作用。环境是
一个多因素的开放体系，污染物浓度范围广，并以不同形态存在，
它们在同一介质及不同介质之间迁移转化或相互作用，乃至发生长
距离迁移；介质组成对污染物的迁移转化与生物有效性有重要影
响；环境中通常存在多种污染物的复合污染，表现出复合生物/生
态效应；化学污染物可通过食物链等途径影响人类健康。因此，探
讨环境污染机制和解决全球环境问题特别需要化学与相关学科紧密
协作，其中化学起着极为重要的作用。化学不仅为环境污染物的识

别，而且为从分子水平掌握其迁移转化行为、区域环境过程、生物生态效应等提供重要的研究方法和手段，为环境污染控制与修复提供新思路、新技术、新材料，还可为政府进行环境决策、施行环境管理职能、履行国际环境公约等提供科学依据与技术支撑。化学特别是环境化学在保障生态环境安全、实施可持续发展战略中起着不可替代的作用。

六、化学为能源科学提供新理论、新材料、新技术和新应用

化石能源的高效利用、可再生能源的发展受到各国政府的高度关注。迄今为止，科学家已成功开发出用于热和光伏发电的太阳能电池板、用于风力发电的关键材料，发明了可充电电池等便携式能源。事实上，化学可以在分子水平上揭示能源转化过程中的本质和规律，为提高能源利用效率提供新思路，并为新能源和节能新技术的开发提供低成本、高效率的新材料，如太阳能电池的染料、光伏材料、燃料电池的纳米催化材料、新型节能/储能材料等。

七、化学是未来信息技术的基础

电子、通信等高新技术的发展对更复杂、更小巧的电子器件及电子器件的集成度提出了更高的要求。20 世纪人类最伟大的创造之一是信息技术的诞生和发展，而以无机半导体性质为基质的晶体管和集成电路的发明造就了微电子产业的辉煌，人类也因此由工业社会发展到信息社会。目前，半导体晶片上电子器件的集成数目按照摩尔定律指数级增长，在尺寸上已逐渐迫近物理极限，这对信息科技的进一步发展提出了重大挑战。新一代信息材料的探索成为国际上最为热门的前沿课题之一。而对具有存储特性的分子材料、分子电子器件的化学研究，将在未来信息技术中发挥重要的作用。另外，扫描隧道显微镜等技术使人们对于研究单个原子和分子的性质和行为，以及在分子水平上研制电子器件充满了信心。

第四节　落实《国家中长期科学和技术发展规划纲要（2006—2020 年）》的情况

《国家中长期科学和技术发展规划纲要（2006—2020 年）》明确把"新物质创造与转化的化学过程"作为重点支持的科学前沿之一。事实上，《国家中长期科学和技术发展规划纲要（2006—2020 年)》中重大科学研究计划，面向国家重大战略需求的基础研究、前沿技术、重点领域中都包括化学的内容。例如，《国家中长期科学和技术发展规划纲要（2006—2020 年)》将改善生态和环境列入重点领域和优先主题，明确指出"改善生态和环境是事关经济社会可持续发展和人民生活质量提高的重大问题"。落实该纲要的关键之一是根据我国环境污染所呈现的复合型、压缩型、结构型特点，开展有针对性的研究，发展污染控制与治理的新技术，逐渐改善生态环境状况，实现经济社会可持续发展。

为了落实《国家中长期科学和技术发展规划纲要（2006—2020 年)》的要求，在"十一五"期间，科学技术部、国家自然科学基金委员会、中国科学院等通过设立重大研究计划、重大项目和重点项目支持化学相关领域的研究。

一、科学技术部 973 计划和重大研究计划

1）物质创造与化学转化过程中的若干前沿科学问题研究。

2）惰性化学键的选择性激活、重组及其控制。

3）分子聚集体的化学：分子自组装与组装体的功能。

4）聚烯烃的多重结构及其高性能化的基础研究。

5）分子电子学的基础研究。

6）复杂体系的化学动力学研究。

7）物质性能的分子设计与结构调控。

8）手性催化的重要科学基础。

9）具有重要生物活性的天然产物的合成化学。

10）高性能聚丙烯腈 PAN 碳纤维基础科学问题。

11）新型稀土磁、光功能材料的基础科学问题。

12）生物质转化为高品位燃料的基础问题研究。

13）天然气及合成气高效催化转化的基础研究。

14）高效低成本直接太阳能化学及生物转化与利用的基础研究。

15）新结构高性能多孔催化材料的基础研究。

16）持久性有机污染物的环境行为、毒性效应与控制技术原理。

17）大规模化工冶金过程节能的关键科学问题研究。

18）两性金属/黑色金属紧缺矿产资源高效清洁综合利用的基础研究。

19）有机/高分子平板显示材料的基础研究。

20）光催化材料及其应用的基础研究。

21）蛋白质分离和鉴定的新技术新方法研究。

22）微流控学在化学和生物医学中的应用基础研究。

23）病毒与细胞相互作用的荧光纳米实时检测新技术及动态过程可视化。

24）生物单分子和单细胞的原位实时检测与表征方法。

25）蛋白质高分辨结构测定与高效制备技术。

26）纳米材料与纳米技术在水污染物检测与治理中的应用基础研究。

27）仿生分子识别技术在生物医学应用的基础研究。

28）化石资源转化用新型高效纳米催化材料与结构研究。

29）有机纳米材料在显示器件中的应用及相关原理。

二、国家自然科学基金委员会重大研究计划

1）纳米科技基础研究。

2）基于化学小分子探针的信号转导过程研究。

3）功能导向的晶态材料分子设计与可控制备。

4）可控自组装体系及其功能化。

三、国家自然科学基金委员会重大项目

1）微流控生物化学分析系统的基础研究。

2）手性与手性药物研究中的若干科学问题研究。

3）分子固体材料及其磁性相关功能性质的研究。

4）化工过程中的时空多尺度结构及其效应研究。

5）聚合物凝聚态的多尺度连贯研究。

6）能源发展中若干关键化学科学基础问题研究。

7）微-纳流控生化分析集成系统的研究。

8）重油催化转化过程导向的功能分子筛材料创制。

9）非理想高分子链的凝聚态结构及其转变。

10）典型持久性有机污染物的环境过程与毒理效应。

11）典型有机化工过程的传递与反应协同机制及强化。

12）太阳能催化制氢与二氧化碳转化耦合研究。

13）拓扑高分子的精密合成。

四、中国科学院重大项目和方向性项目

1）纳米科技在若干重要领域的应用探索。

2）单分子行为的表征、检测与调控。

3）手性分子识别中的一些科学问题研究。

4）手性诱导、传递与放大中的科学问题研究。

5）理论化学新方法的发展与应用。

6）高分子多层次结构的调控及功能化。

7）大分子的折叠-从两亲性高分子到蛋白质。

8）高性能纤维中晶体结构、取向和微缺陷形成及演变机理研究。

9）聚合物光子学材料的研究。

10）分子聚集体中的光化学和光物理过程。

11）分子的化学组装与分子纳米结构的研究。

12）多层次超分子组装化学。

13）化学生物学的几个重要问题研究。

14）化学生物学中复杂体系分离与相互作用研究。

15）微管驱动蛋白的化学生物学研究。

16）脑中化学物质的时间分辨分析。

17）π体系功能分子材料与器件的研究。

18）新型光功能分子聚集体材料的制备与原型器件。

19）绿色介质体系的物性及应用基础研究。

20）有毒难降解有机污染物的产生、演化与降解。

21）催化中的纳米作用基础的研究。

22）仿生微/纳米结构材料的制备。

23）结构导向的功能材料研究。

24）新型紫外、深紫外非线性光学材料及应用关键科学问题研究。

第二章

化学的发展规律与发展态势

第一节　化学的内涵

作为一门"核心、实用、创造性"的科学，化学是一门发现和创造新物质并在原子、分子及分子以上层次上研究物质变化和化学反应的科学。化学的核心部分包括无机化学、有机化学、物理化学、高分子科学、分析化学和化学工程与技术等。化学与生命科学、材料科学、能源科学、环境科学、信息科学等学科的交叉进一步加深，新型交叉学科，如环境化学、化学生物学、材料化学、能源化学、放射化学不断涌现。各学科的内涵总结如下。

一、无机化学

无机化学是历史最悠久的化学分支学科，它是研究无机物质的反应、组成、结构、性质和应用的科学。无机物质是指除含碳氢键的有机物质外，元素周期表中的所有化学元素及其化合物。

无机化学从分子、团簇、纳米、介观、体相等多层次、多尺度研究物质的化学反应规律，研究物质的结构和组装，探索物质的性质和功能。它涉及物质存在的气体、液体、固体、等离子体等各种相态，具有研究对象广泛、反应复杂、涉及结构和相态多样、构效关系敏感等特点。

无机化学在自身发展中，不断强化与其他学科的融合和交叉，形成了以传统基础学科为依托、面向功能材料和器件的发展态势，其学科内涵得到了极大的丰富和拓展。此外，我国无机化学还紧密结合特有资源优势和国家重大需求，衍生出一批有特色的分支学科。无机化学目前已形成了包括配位化学及分子材料和器件、固体化学及功能材料、生物无机化学、有机金属化学、团簇及原子簇化学、无机纳米材料及器件、稀土化学及功能材料、核化学和放射化学、物理无机化学等在内的分支学科。随着化学和相关科学的发展，无机化学与其他化学分支学科的界限将日益模糊，无机化学与物理科学、材料科学、生命科学和信息科学等学科的交叉将更加深入，从而将形成更多重要的交叉学科分支。

二、有机化学

有机化学是研究含碳化合物的结构、性质、合成及其转化规律的学科。有机化学的研究内容包含有机分子相互转化的规律和方法，揭示物质世界中有机分子的原子键合和分子间相互作用的本质，阐释有机分子结构与性能之间的关系，设计并合成具有特定功能的有机分子等。目前已知结构的有机化合物超过 2000 万个，其中绝大部分是通过化学合成获得的。从这个意义上讲，有机化学是创造新物质最重要的手段之一。

1901～2010 年，诺贝尔化学奖共颁奖 100 多次，其中有机化学领域的授奖超过 30 次，这反映了有机化学在人类认识和改造世界过程中扮演了重要角色。在 200 多年的发展历程中，有机化学本身不断地与其他学科和领域交叉融合，衍生出新的学科分支，逐步形成了包括天然有机化学、有机合成化学、有机分析化学、生物有机化学、物理有机化学、元素有机化学、金属有机化学、超分子化学、有机功能材料化学及化学生物学等在内的内容丰富的学科体系，成为化学领域中最为活跃的学科之一。

有机化学在其自身发展中通过与生命科学、材料科学、环境科学及能源科学等交叉融合，不断拓展学科内涵。物理有机化学不断引入新的物理方法和计算机技术，使得有机化学在结构测定、分子设计和反应机理认识等方面不断取得新的突破，对有机合成化学乃至生命科学和材料科学等领域的发展也起到了积极的作用；元素和金属有机化学为有机合成化学提供了高选择性的反应试剂、催化剂，以及各种功能材料及其合成方法；有机合成化学在高选择性反应方面的研究成果，使得更多具有重要生理活性、结构新颖的复杂分子的高效和高选择性合成成为可能，同时为发现对生理过程具有调控作用的新物质、新机制的研究提供了重要的物质和方法基础。通过学科拓展、交叉和融合而形成的超分子化学、绿色化学、化学生物学和分子电子学等前沿领域，为人口与健康、资源环境与能源，以及新材料创制等领域的发展提供了新的科学基础和技术支撑。

三、物理化学

物理化学是借助数学和物理学的方法与强大的实验手段，以精密测量及理论分析为基础、揭示化学体系变化过程的本质规律为目的的学科，是化学的重要基础。

物理化学以丰富的化学现象和化学体系为研究对象，探索和归纳出化学过程的本质规律和理论，构成化学的理论基础，其形成使化学从经验科学的境地中摆脱出来，并使整个化学的面貌为之一新。随着计算机、波谱仪、扫描隧道和原子力显微镜技术、电子技术和激光技术等的不断更新和发展，物理化学研究的化学体系和分支不断向纵深发展，研究对象从一般键合分子扩展到准键合分子及非化学计量化合物；从稳态、基态向瞬态、激发态发展；从气体、液体、固体三种聚集态的研究扩展到各种分散体系（溶液、胶态晶体），以及单分子、多分子层膜的各种状态；从对化学过程的温度、压力等外部条件控制发展到对分子、原子、电子及量子态的调控，并对在超高温、超高压、超低温和超低压极端条件下的化学过程开展研究。总之，物理化学的理论和实验研究已经进入一个崭新的快速发展阶段，表现出从宏观到微观、从体相到表面、从静态到动态、从平衡到非平衡的明显趋势和特点。

随着自然科学各基础学科的深入发展，各学科间相互渗透与融合。物理化学自身在不断发展的同时，不断加深与其他学科的交叉、渗透与融合。在物理化学发展过程中，先后形成了热化学、溶液化学、光化学、电化学、光电化学、胶体与界面化学、催化、结构化学及量子化学等分支学科，近二三十年来又发展了表/界面结构化学、分子反应动力学、激光化学、单分子化学和分子催化等。有些分支已构成了特殊性质与行为体系的化学，有些则已经超出了常规意义上的化学范畴。总之，物理化学为化学研究提供了原理和方法，其研究水平在很大程度上反映了化学发展的深度。物理化学的理论和实验成果已在一定程度上能够指导实践，并将在实践中不断得到丰富和发展。

作为物理化学的重要组成部分，理论化学是运用数学、物理和计算等方法探讨原子、分子、分子聚集体和凝聚相的一般规律，进而准确预测它们的性质，其核心是建立计算与模拟物质结构和性质，以及化学反应的各种理论和方法。理论化学的研究结果具有广泛的应用性，已经成为研究解决生命科学、能源科学、材料科学、环境科学等交叉领域科学问题不可或缺的工具。理论化学不仅奠定了分子科学的坚实基础，而且由它所建立的计算方法已经被许多领域的研究工作者广泛应用。

四、高分子科学

高分子科学是研究高分子形成、化学结构、链结构、聚集态结构、性能与功能、加工及应用的学科，包括高分子化学、高分子物理、高分子加工等分支领域；研究对象集中在合成高分子、天然高分子、生物大分子、超分子聚合物等方面；研究内容涉及高分子合成、链结构、链空间构象、聚集态结构及其与性能和功能的关系等。

高分子独特的长链结构决定其具有典型的多自由度、复杂拓扑结构和链间缠结等特点，其凝聚态呈现独有的平衡态熵效应、黏弹性、多尺度效应和标度特征。作为复杂体系的理想研究对象，高分子科学的发展一直得益于与其他学科的交叉和融合。高分子合成化学按指定的功能、结构、分子量和分子量分布设计和制备聚合物，实现分子设计的裁剪技术，满足了高技术、环境和能源对高分子科学越来越高的要求；高分子结构与性能研究为高分子材料在各种加工条件下结构的形成机制与控制因素提供了重要的基础，实现了高分子材料的性能优化和新功能开发，拓展了高分子材料在各领域的应用。高分子基础理论研究隶属于软物质或复杂流体，得益于高分子体系典型的平均场特性、较长的弛豫时间和宽泛的特征温度谱，很多物理理论最先在高分子体系中得到验证，现已成为凝聚态物理的重要研究对象，基础理论研究已经渗透到软物质科学的各个领域，呈现出多学科交叉之势。

五、分析化学

分析化学是研究物质的组成和结构，确定物质在不同状态和演变过程中的化学成分、含量、时空分布和相互作用的量测科学，旨在发展各种分析策略、原理与方法，研制各类分析器件、装置、仪器及相关软件，以获取物质组成和性质的时空变化规律。

分析化学是科学研究的眼睛，是整个科学发展的重要支柱之一。通过与生命、材料、能源、环境和空间等多学科的交叉和渗透，分析化学在研究和获取物质组成、结构和相互作用信息等方面，为这些学科的发展提供了重要的科学支撑。同时，分析化学在实现经济社会的可持续发展和满足国家重大需求等方面发挥了至关重要的作用。分析化学发展与测试技术的进步为人类基因组计划的提前完成、方兴未艾的蛋白质组学和代谢组学等多种组学的研究奠定了重要基础；新药研制，疾病诊断、预警、治疗和发病机制，生命过程的揭示与分析化学密不可分；在食品与环境安全、空间探测、产品质量控制、反毒、反恐和突发事件的侦破与解决等方面，分析化学也发挥了至关重要作用。

分析化学从传统的容量分析到现代的仪器分析，从光谱、电化学、色谱和热分析到质谱、核磁共振、电镜、成像、纳米分析乃至微纳流控分析；从无机、有机分析到生命过程信息的获取；从常量、微量、痕量分析到单细胞、单分子分析；从简单物质的鉴定、单一信号的获取到复杂与生命体系的多通道、高通量检测与海量数据的挖掘，通过与物理、生物、数学、材料、计算机等相关学科的交叉与融合，形成了自己完整的理论体系，并诞生了新的生长点与前瞻性的研究方向。与此同时，其他学科领域的发展，又不断向分析化学提出新的、更高的需求和挑战，对分析方法和检测仪器的不断进步起到了积极的促进作用。

六、化学工程与技术

化学工程与技术简称化工。化工是多学科交叉结合形成的应用于物质转化过程的工程科学的分支之一，是研究物质转化过程中物质的运动、传递和反应及其相互关系的过程科学。它以化学、物理、数学等学科为基础，解决化学工业及其相关过程工业中一些共性的工程科学问题，支撑化工、资源、能源、冶金、环境、电子、生物、制药、化肥、食品等行业的过程工业发展。其任务是从根本上解决物质转化过程中的量化、设计、放大和调控等瓶颈问题，建立物质组成-结构-性质的系统关联，创建高效、清洁、节能及安全、经济的物质转化工艺、过程和系统，拓展过程工业的产业链，生产各种功能的产品，以满足发展高新技术产业和提高人类生活质量的需求，并维持良好的生态环境。

进入21世纪，随着传统化学工业产业结构的调整和以生物、纳米、信息和材料为代表的高新技术产业的迅速发展，以"三传一反"为核心基础的化工在更宏观和更微观两个方向上得到了拓展，取得了重大创新和突破。这是化工学科体系自我完善和变革的需求，也体现了国家需求和科学发展的前沿。

在满足国家需求方面，随着与人类社会可持续发展和提高人类生活质量休戚相关的能源、资源、环境、材料、产品、医药等方面的技术进步，化工的发展和技术进步也面临新的机遇和挑战。作为过程科学，化工的前沿首先是与其所服务的产业的发展需求相联系的。就当前而言，为了应对人类社会发展所共同面临的资源、能源与环境危机，节能、降耗、减排成为化工过程强化的目标。从中长期角度分析，为应对化石资源和能源的短缺，天然可再生资源和能源等的利用和加工将成为能源体系的重要补充，以生物催化和生物转化为代表的新一代工业生物技术将为此提供技术平台。一方面，经济全球化和信息化的加速使得化学工业的赢利模式发生了重要变化，新产品成为企业赢利的重要途径，"产品工程"应运而生。另一方面，化工与化学、物理、生物、数学等基础科学，以及材料、信息、环境等工程学科的交叉，也使得化工学科在科学概念、研究工具和研究方法上发生了根本性的变革。化工在上述工业实践和科技创新的互动中得到丰富和发展，其科技前沿不断更新和丰富并呈现多样化的格局。

七、环境化学

环境化学是研究环境中污染物的浓度水平、存在形态、迁移转化和生物生态效应及其控制的化学原理和方法的科学。它是化学的重要分支学科，也是环境科学的核心组成部分。环境化学是在化学传统理论和方法基础上发展起来的，以化学物质引起的环境问题为研究对象，以解决环境问题为目标的一门新兴学科。

从第二次世界大战结束到 20 世纪 70 年代，欧美发达国家和地区的经济高速发展，各种化学品的合成和使用以前所未有的速度增加，导致各种危害环境和人体健康的污染事件时有发生，如著名的英国"伦敦烟雾事件"，美国"洛杉矶光化学烟雾事件"，日本"水俣病事件"和"痛痛病事件"等八大公害事件。这些环境问题的出现，引发了对污染物残留分析和控制方法的研究，并逐渐形成了环境化学。20 世纪 80 年代至今，人类合成和使用的化学品种种类和数量继续增加，各种化学污染问题更加突出，进一步推动人们运用化学的基本原理与技术，系统研究环境中化学污染物的迁移转化行为、毒性效应、风险评价及污染控制方法等，环境化学作为独立的学科门类进入了全面和成熟发展阶段，并具备了丰富的内涵和学科特色。

八、化学生物学

作为 21 世纪发展最为迅速的交叉学科之一，化学生物学充分运用化学原理、方法和技术手段探索生物体内的分子事件及生物分子相互作用的网络，从分子水平上研究复杂生命现象，已经取得了丰硕的成果。化学生物学的目标是通过介入生物医学的各类研究，发现和阐述生命过程中各种分子事件的规律，通过药物研究等方式最终为人类健康提供服务和保障。

化学生物学充分发挥化学和生物医学交叉的优势，有助于在生物科学研究中揭示传统生物学所不能发现的规律，不仅是当前化学富有生命力的学科分支，也是现代生物医学研究的重要发展方向。同时，化学生物学也是未来生物医药发展的关键研究领域，将改变现有的药物研究与开发模式，并对创新药物研究产生深刻的影响。因此，化学生物学研究引起了各国政府和科研机构的高度重视。

九、放射化学

放射化学是指利用放射性物质及其辐射效应的一门化学分支学科。现代放射化学主要包括核能化学、环境放射化学、放射性药物化学、放射分析化学、放射性元素化学、核化学等。放射化学是 20 世纪初随着放射性和放射性核素的发现而诞生的一门学科。它对于人类知识的拓宽起到了积极作用，如将元素周期表扩展了约 1/3。人工放射性和核裂变的发现，开创了核科学技术时代。近 100 年来，放射化学为确立我国在国际上的重要地位，为核能利用和核技术的开发应用，为人类健康、环境保护及社会和经济的可持续发展做出了重要贡献。

第二节　化学的发展规律和特点

化学的发展规律和特点可以简单地总结如下。

1) 化学的研究对象进一步扩展，研究方法和手段进一步提升。化学研究向分子以上层次发展，开始探索和认识大分子、超分子、分子聚集体及其高级结构的形成、构筑、性能与分子间相互作用的本质，强化对复杂化学体系的研究，从实验与理论两个方面探索体系结构与功能的关系，研究化学中的尺度效应和多尺度化学过程，建立复杂体系的多层次结构研究的实验和理论方法，使得化学研究面临革命性的变化。现代科学技术的迅猛发展，特别是大型科学装置的建设和发展，有力推动了研究进程，建立了各种分析和检测物质形态、结构、含量、物理化学特性的原理、方法和技术，使原位、实时、动态、快速、简便地分析测试物质结构和性质成为可能。

2) 化学的学科交叉进一步凸显。一方面，化学内各分支学科进一步交叉融合，促进了化学的发展。例如，无机化学与有机化学交叉形成了金属有机化学，而金属有机化学的发展大大促进了有机新反应的发现，进而又推动了有机化学的发展。另一方面，化学与生命、材料、能源、环境、信息等学科的交叉进一步加深，新型交叉学科，如化学生物学、材料化学、环境化学、能源化学等不断涌现。

3) 化学在社会经济可持续发展中发挥越来越重要的作用。化学在促进粮食增产、提供植物保护、提高人类生存质量等方面发挥了重要的保障作用。化学是材料科学发展的重要基础，是功能导向材料设计的源泉。化学在能源和资源的合理开发、二氧化碳减排、太阳能的高效利用中起着关键作用，在满足国家战略需求和安全方面发挥着不可取代的作用，将为根本解决环境问题提供新方法和新手段。

以下从无机化学、有机化学、物理化学、高分子科学、分析化学、化工、环境化学、化学生物学和放射化学九个方面介绍各分支学科的发展规律和发展趋势，以全面反映整个化学的发展规律和发展态势。

一、无机化学

历史地看，化学学科的建立基于无机化学。引领化学建立和重大革命的著名科学家，如玻意耳（R. Boyle，1627～1691，英国）、拉瓦锡（Antoine-Laurent de Lavoisier，1743～1794，法国）、道尔顿（John Dalton，1766～1844，英国）、门捷列夫（D. I. Mendeleev，1834～1907，俄国）无一不是以无机物质的变化、反应和性质作为研究对象的。20世纪开始发展和建立的化学理论也是从研究无机物质的结构和价键发端的。无机化学学科的形成与发展和人类认识自然、适应自然和改造世界的进化历史息息相关。人类最早发现的工具和物质就是来自自然并经过加工的无机物质。即便是现代社会，在人类创造和使用的工具和材料中，无机物质依然占据了最重要的地位。

1）无机化学与其他学科的交叉和融合进一步加剧。一方面，无机化学与化学其他分学科进一步交叉与融合。例如，无机化学与有机化学、生物化学的交叉孕育发展了金属有机化学和生物无机化学，也为化学生物学的发展提供了重要基础；无机化学与物理化学和理论化学的交叉形成了结构化学和理论无机化学，也为能源化学、材料化学和纳米化学的发展提供了理论和物质保证。另一方面，无机化学与生命科学、材料科学等不断交叉，从而产生了新的学科生命力。例如，无机化学与生命科学的交叉使人们不仅仅关注金属配合物与生物大分子相互作用及其模拟，而且从活性分子、活体细胞和组织等多个层次研究无机物质与生物体相互作用的分子机理、热力学和动力学平衡、代谢过程，同时更加关注生物启发的无机智能材料在生物体自修复、生物信息响应和传导及生物免疫体系构筑中应用的研究，无机化学与材料科学的交叉则更加注重面向功能材料及其器件需求的绿色、高效合成和制备工程的研究；无机化学与能源化学、绿色化学和环境科学的交叉则更加关注材料的表/界面及活性位点的控制，以及无机合成过程的高效、低耗和洁净过程的研究，更加注重支撑社会可持续发展的合成化学及过程问题的研究；无机化学与物理和信息科学的交叉除了继续探索新材料、研究构效关系外，将更加关注新现象、新原理的发现，并将借鉴多种量子力学和凝聚态理论，深化对物质微观结构和性质的认识；无机化学与物理科学、材料科学的交叉不仅催生了包括纳米科学等在内的具有重大科学意义和应用背景的新兴学科，还将继续发挥其在纳米材料的合成、表/界面、微结构和组装控制等方面的优势，并将逐步建立适于纳米尺度及其反应变化过程的理论和模型，深化对材料结构/微结构与性质的关联规律的认识，为不断发现纳米材料的新性能和新效应，以及纳米材料的真正应用奠定物质和理论基础。

2) 无机化学的理论与实验研究更趋紧密结合，更加注重多尺度效应。基于结构和表征技术的发展，无机化学将针对不同尺度和时间变化过程体系，应用和发展量子化学和凝聚态理论，发展化学信息学和数据库技术，更加注重理论指导下功能导向的组成和结构设计，从而逐步建立综合无机化学合成、材料设计和构效关系的模拟计算系统，深化对无机化学反应过程的认识，建立适于无机化学合成和性质研究的实验-理论-模拟系统。同时，无机化学的研究对象具有多尺度特点，为系统探索物质在分子、团簇、聚集体、体相等多尺度下的理化效应及其组装和复合效应提供了条件，也为纳米科学、能源科学、信息科学等领域的科学研究和技术发展创造了更多机会。

3) 无机化学的非常规合成方法发展加快。合成方法多样化、微型化已成趋势，包括组合化学合成、微流芯片合成、生物和自然启发的高效绿色合成等在内的方法日益受到人们的关注；合成条件的极端化也将在新材料的探索中扮演更重要的角色，模拟太空条件下的高真空/无重力合成、模拟深海条件下高压/高离子浓度合成及模拟地质演变过程中的高温/高压合成等方法也将受到重视；模拟宇宙演化过程的强电场、磁场等条件的无机合成化学也将得到发展。

二、有机化学

有机化学源于对生命体有机物质的探索而得名。19世纪中后期，凯库勒等提出四价碳原子结构和苯的环状结构，范特霍夫和勒贝尔提出碳的四面体结构等，开创了有机化学的结构理论。经过近200年的发展，现代有机化学在基础理论、基本概念、研究方法、实验手段及社会应用等方面不断取得新的突破，推动有机化学研究进入了一个更加活跃的发展态势。

当前，新的分析技术、物理方法及生物学方法在有机化学中被不断应用，推动有机化学在化合物性能、反应及合成方面的认识和技术手段上升到一个新的层次；同时，材料科学和生命科学的发展，人类对于环境和能源的新需求不断对有机化学的发展提出新的挑战性课题。近年来有机化学学科的发展呈现以下三个方面的特点。

1) 更加注重与相关学科的交叉融合。物理有机化学、超分子化学、计算化学的原理、概念、方法已经被广泛应用于整个有机化学和其他相关研究领域。物理有机化学与生物有机化学和化学生物学的结合越来越密切，有机材料化学中结构和性能的关系及规律等已成为新的研究热点；涉及分子识别和自组装研究的超分子化学已成为有机化学研究的重要前沿，其原理与方法已经被广泛应用于新材料、新型催化剂的设计与合成，以及有机反应机理和复杂生物体系中小分子-生物大分子、生物大分子之间的相互作用机制研究等；理论计算和模拟几乎已经渗透到有机化学的所有领域，成为有机化学研究的基本方法之一。金属有机化学与高分子化学、有机化学与无机化学的交叉等为材料科学、能源科学的发展注入了新的活力；化学转化与生物转化方法的结合，新一代化学转化方法学的开发与复杂天然产物分子全合成研究的相互促进，有机功能分子的设计、合成与评价相结合等，已经成为有机化学学科发展的重要趋势之一。例如，化学生物学就是化学特别是有机化学与生命科学交叉与融合的产物，它将为人类深入了解生物大分子的功能、生物靶分子与活性小分子相互识别和信息传递的机理，进而为发现新的药物筛选靶点和发现新一代的治疗药物提供科学基础。

2）更加注重研究工作的挑战性、创新性和系统性。近年来，有机化学中的一些挑战性问题，如非官能化的碳氢键活化、惰性小分子活化、廉价催化剂的开发、光电的高效转化、复杂分子的简便合成、复杂体系的快速分析等成为学科的研究焦点；原创性的新原理、新概念、新方法、新策略、新反应、新催化剂和新技术等层出不穷，其应用越来越受到重视，如源自于有机化学的超分子化学、组合化学、点击化学的原理与方法已被材料科学、生物科学和生命科学等领域广泛接受和应用；人们越来越重视研究工作的深入程度和系统性。例如，综合运用多种现代分析技术，结合理论计算与模拟，从不同时空尺度认识物质形成与转化过程，认识生命过程等复杂体系中的化学本质、结构与性能的关系和转化规律。

3）更加关注有机化学的前沿研究领域与社会需求的结合。有机化学的前沿研究领域与社会和国家重大需求的结合将更加密切，包括同资源与环境、信息、能源与材料、人口与健康、农业及国家安全等重大需求的结合。绿色化学和可持续发展的理念不断被融入有机化学的前沿研究领域。2001 年诺贝尔化学奖得主野依良治教授指出："未来的合成化学必须是经济的、安全的、环境友好的以及节省资源和能源的化学，化学家需要为实现'完美的反应化学'而努力，即以 100％的选择性和 100％的收率只生成需要的产物而没有废物产生。"将氢气及氧气甚至空气分别作为清洁的还原剂和氧化剂的反应、多组分反应、串联反应等研究受到广泛关注；利用自然界中廉价易得的化学资源，通过发展惰性化学键选择性活化的新一代反应和官能团转化的高效催化技术，实现资源的高效、清洁利用是未来化学工业发展的必然趋势；有机化学更是医药和农药制造工业的技术进步源泉——有机合成化学特别是分子结构多样性的组合合成为新一代医药和农药的开发提供了重要的物质基础，而天然产物化学研究为未来医药和农药创新提供了新的思路；基于有机共轭分子体系的有机光电功能材料和器件研究一旦取得突破，将对材料和信息领域产生深远影响；发展耐高温、耐腐蚀、高强度、高稳定性、高能量密度等先进的有机材料，以及性能优异的特种有机功能材料，将对国民经济、社会生活和国家安全产生深远影响。

三、物理化学

物理化学是在物理和化学两大学科基础上发展起来的。它以丰富的化学现象和体系为对象，大量采纳数学和物理学的理论成就与实验技术，探索、归纳和研究化学过程的本质规律和理论，从而构成了化学的理论基础，并推动了化学的定量化发展。

1）物理化学最新的理论和实验方法应用于化学各个分支及相关学科最前沿的研究。物理化学承担着建立化学基础理论的重要任务，物理化学的水平在很大程度上反映了化学发展的深度。据统计，在 1901～2009 年获诺贝尔化学奖的 100 多位化学家中，60％以上是物理化学家或从事与物理化学领域密切相关研究的科学家。由此可以看出，近 100 年来，化学领域中最热门的课题及最引人注目的成就，60％以上集中在物理化学领域。另外，化学物质的种类呈指数级增加，其中大部分是近 20 年由化学工作者按一定性能要求控制其合成过程制备的，而在所利用的化学反应中，约 80％都与催化这一典型的物理化学过程密切关联。随着学科间进一步的相互交叉、渗透与融合，物理化学的实验方法和理论、原理将会为更多的其他学科工作者熟练地掌握和应用，学科间相互协作研究也会越来越普遍，从而更加突出物理化学在化学和相关学科中的重要性。目前物理化学研究中理论与实验紧密结合的发展趋势越来越明显，理论方法已能在一定程度上指导实践，并在实践中不断得到丰富和发展。物理化学的发展总是伴随着新方法的发展、新的发现及重大挑战性问题的不断提出，这些特点更使物理化学对相关交叉学科的发展起重要的推动作用。

2）物理化学的研究对象和手段进一步拓展。随着自然科学研究的深入发展，物理化学的研究对象也在不断地拓展、丰富和更新：一方面，对于小分子简单体系的研究越来越精确，可以探究超短时间内体系的变化过程，对于体系性质和反应的认识也逐渐从统计平均过程深入到单分子水平上的认识；另一方面，则将研究的触角拓展到越来越复杂的体系，如单分子层和多分子层、自组装层、自组装材料乃至细胞生命体系等。总之，物理化学的研究对象具有多尺度和复杂性特点，系统探知物质在分子、聚集体、表/体相等的性能与本质规律及其自组装和复合功效，将为纳米、能源和信息科学等领域的科学研究和技术发展创造更多机会，并提供理论指导。

3）物理化学各分支学科的建立和发展极大地丰富了化学的内涵。物理化学在不断地开辟化学的用武之地，并越来越起到先锋的作用。随着人们科学知识的不断积累、科学认识的日益深化和现代科学技术（如新谱学方法、分子束和激光技术、巨型计算机及先进计算方法等）的应用，物理化学的理论与实验研究进入了一个崭新的发展阶段。现代物理化学发展的明显趋势和特点将凸显出来，如从宏观到微观、从体相到表面、从静态到动态、从平衡态到非平衡态等，这些发展趋势和特点使物理化学各分支学科更加完善，并因此而向纵深进一步发展。

4）物理化学具有突出的交叉学科特征。物理化学的发展、丰富与拓展离不开其他基础学科的发展，其他学科的发展更需要物理化学的配合与支持。物理化学中的热化学、溶液化学、电化学、光化学和光电化学、胶体及界面化学、催化、结构化学及量子化学，以及表/界面结构化学、分子反应动力学、激光化学、单分子化学和分子催化等已经渗透到材料科学、信息科学、能源科学和环境科学等领域，都凸显出了物理化学的交叉学科特性。

原子簇、分子簇、光物理与光化学、激光化学、表面科学、新材料和软物质等的研究，不仅是物理学家更是物理化学家感兴趣的课题。作为生命科学前沿学科的分子生物学，同样需要物理化学帮助厘清其基本的化学过程，如非对称催化剂能够更有效地控制产物的手性；光化学能克服传统方法不易克服的困难，为合成药物具有特异结构的功能分子开辟新路；结构分析已成为认识药物机理的有力手段。这些领域的工作全都离不开物理化学在分子水平上进行的结构化学、量子化学、催化、胶体与界面化学等研究结果的支撑。其他如能源科学、新材料及大气环境等的研究更为依赖物理化学。总之，物理化学作为自然科学的一支生力军，是不可缺少的重要领域。

5) 物理化学所提供的理论和实验手段对于能源科学、环境科学、材料科学和生命科学的发展都起到了并将继续起到重要的促进作用。以催化学科的发展为例，整个化学工业的发展无疑是与重要工业过程催化剂的研发密不可分的。例如，Sabatier 对有机物加氢反应过渡金属催化剂的研究，Haber 对合成氨铁催化剂的研究，Ziegler-Natta 对烯烃聚合催化剂的研究，Knowles、Noyori 和 Sharpless 对不对称合成催化剂的研究，Chauvin、Grubbs 和 Shrock 对烯烃复分解催化剂的研究等，这些研究既推动了重要工业过程的建立，又促进了催化学科的发展。近年来，可持续发展理念更强化了对能源、环境和绿色化学新过程的迫切需求，也为包括光催化在内的催化学科发展带来了新的驱动力和新的机遇。

四、高分子科学

高分子科学自 20 世纪初作为一门独立的学科形成以来，已经走过了 80 余年的发展历程。迄今为止，有 8 位科学家因在不同领域对高分子科学发展做出开创性或奠基性贡献而荣获诺贝尔奖，他们分别是 H. Staudinger（德国）、K. Ziegler（德国）、G. Natta（意大利）、P. J. Flory（美国）、P. G. de Gennes（法国）、A. J. Heeger（美国）、A. G. MacDiarmid（美国）、白川英树（日本）。

80 余年来，我国高分子科学的研究无论在深度还是广度上均获得了飞速的发展。在学科领域上，由当初的仅仅是高分子化学研究，逐步发展成包括高分子化学、高分子物理、高分子工程等分支学科在内的完整学科体系；在学术内涵上，由合成高分子拓展到生物大分子，由基于共价键的传统合成拓展到基于非共价键的超分子合成，由大分子单链结构和聚集态结构拓展到复杂的多级自组装结构的研究；在社会影响上，由当初的仅是对新奇化合物的学术感兴趣，发展到当今成为高分子产业的理论基础，并推动着高分子新产业的形成及发展，研究成果已渗透到国民经济及人类日常生活的各个领域，成为人类文明的重要组成部分。作为衡量一个国家经济发达程度和综合国力的指标，我国的"塑-钢比"值已经显示了高分子相关产业在整个国民经济发展中的重要地位。

1）超分子化学与高分子化学巧妙结合创造具有新颖结构的大分子。20 世纪 90 年代中期以来，可控/"活性"自由基聚合，尤其是原子转移自由基聚合（ATRP）、稳定自由基聚合（SFRP）和可逆加成-断裂链转移聚合（RAFT）被广泛用于设计和可控合成聚合物，制备精确结构和各种复杂拓扑结构的高分子，实现在分子、纳米，微观和宏观多尺度上对聚合物结构和性质进行调控，因而成为制备功能性高分子材料的潜在技术。目前研究集中在对上述三种聚合方法及新近发展的一些活性自由基聚合机理更深层次的探索上，并在此基础上开发新的聚合反应和催化体系，发展集各种可控/"活性"优点于一体的聚合方法。另外一类大分子为超分子聚合物，与共价键作用的传统高聚物相比，超分子聚合物的形成是基于分子间的弱相互作用的。它具有易于结构调控、可逆、可降解、环境响应、自适应和自修复等特征。这些新颖的高聚物往往无法用传统的高分子合成方法制备，其具备的特殊超分子结构赋予了传统高分子所不具有的新性质和功能。目前，各种基于非共价相互作用构筑超分子聚合物的方法不断涌现，如多重氢键、π-π 叠加作用及主客体相互作用等。目前的超分子聚合物多为结构型聚合物，如何充分地发挥超分子聚合物结构易于调控的特点，将结构构筑与功能组装相结合，发展功能超分子聚合物成为未来的研究重点之一。另外，自组装也是创造具有新颖结构和功能有序分子聚集体的重要手段。自组装的本质是多种分子间相互作用力及其协同效应。虽然对单一非共价键，如氢键、静电作用、范德华力及芳环堆积作用等的物理本质已有充分的认识，但它们之间如何加和与协同，如何由此产生一定的方向性和选择性，以及如何与外界进行物质和能量交换的动态自组装是未来需要解决的关键科学问题。

2）高分子科学与材料科学和生命科学交叉，设计并制备功能材料。高分子科学与材料科学交叉为制备性能优异的高分子功能材料提供了良好的科学基础。光电高分子是近年发展的新型高分子功能材料。光电功能高分子的化学本质是共轭高分子,其物理本质是半导体特性。因此,光电功能高分子既具有传统高分子的加工性,又具有无机半导体的光、电、磁等特性及电-光转换和光-电转换行为。这些特性不仅促进了塑料显示器、晶体管和太阳能电池等新一代高性能光电子器件的诞生,而且随着研究的进一步深入,将不断产生全新的光电子器件,从而带动新兴信息光电子产业和新能源产业的创建,因而必将在未来的信息科学和技术领域发挥越来越重要的作用。通过研究光电功能高分子的电子输运过程,发挥它易于分子剪裁和成型加工的特点,发展其在传输、处理、存储、显示、转换等方面的应用,将会开辟具有全新工作原理与功能机制的新一代超薄、柔性和大面积光电集成器件,建立一个由新型高分子电子屏幕、高分子晶体管、高分子激光器、高分子存储器、高分子太阳能电池等组成的"高分子电子工业"。

高分子科学与生命科学、医学和材料科学交叉产生了生物医用高分子。生物医用高分子的基础研究主要定位于以下两点:一是研究生物医用高分子和生物体的相互作用,揭示生物材料与生命科学的基本问题,为设计和改造新型医用高分子提供理论基础;二是提供新型生物医用高分子的设计和改造技术。因此,生物医用高分子的基础研究和应用基础研究涵盖相关高分子的制备和性能调控的方法学,以及与其医学应用相关的基础科学问题,应重点研究新型医用高分子的合成、制备和性能,组织工程和再生医学高分子及相关科学问题;药物、基因和细胞输送的高分子及相关科学问题;分子识别、医学成像和疾病诊断高分子等及相关科学问题。生物医用高分子的研究进入了一个与生物学、医学、药学、纳米科学、材料科学、生物医学工程等不断融合和协同发展的新时代。进入21世纪以来,尤其是细胞生物学与再生医学的发展对生物医用高分子的研究提出了诸多深刻的基本科学问题,纳米科技的发展为医用高分子提供了若干独到的研究问题和解决问题的手段。在纳米尺度、细胞和分子水平上,面向医学应用研究相关基础科学问题,是生物医用高分子研究的重要趋势。具有良好的生物相容性的可生物降解高分子是这一领域的重点研究方向。同时，高分子科学向生命科学和现代医学领域的渗透，也给现代生物医学带来了重要变化，并将产生更大的、持续的影响。

3）高分子复杂体系的研究不断对凝聚态理论和实验提出新的挑战。高分子材料的性质和功能不仅取决于化学结构和分子性质，而且在很大程度上取决于分子的聚集状态，即相态结构和凝聚态结构。高分子通常是由多个小分子作为结构单元以共价键结合而形成的，多具有链式结构。因高分子特有的柔性分子链结构、巨大分子量、复杂的拓扑形态和特殊的分子链相互作用，其表现出比小分子物质更加丰富多彩的聚集状态和更加复杂的凝聚动态过程。把握这些复杂体系的行为对凝聚态实验和理论不断提出新的要求和挑战。其中一个重要方面为高分子表征方法学的发展，主要任务是对不同层次上的高分子结构和性能进行表征，目的是构建高分子结构与性能的关系，包括高分子化学结构，高分子构象，凝聚态结构，分子运动，力、热、电、光性能及流变性能的表征。在高分子理论方面，重点解决高分子凝聚态理论发展过程中所遇到的难题，即非微扰、非平衡、非线性问题；还包括如超越高斯链、超越平均场、非平衡系统的动力学、涨落、相变、临界现象等基本问题，这些也是凝聚态物理理论没有解决的难题，希望借助于高分子这类特殊体系予以解决。另外，可从原子和分子层面上研究分子内及分子间的相互作用，应用业已成熟的高分子理论方法解决实际科学问题，建立可测宏观量与高分子链构象及聚集态结构间的定量关系。

4）与先进技术结合实现高分子加工的高效性和绿色化。高分子材料的形态结构是大分子链在加工过程中的外场作用下（温度场、压力场、应力场等），经过一系列物理或者化学变化形成的。因此，高分子材料在加工过程中的结构演化控制、加工与成型新方法的基础理论研究，对于开发高性能化、复合化、多功能化、低成本化及清洁化高分子材料具有重要意义。先进高分子是指在极端条件（强力学场、强温度场、化学场、强辐射场等）下使用的高性能高分子材料品种，具有高比强度、高比模量、耐高低温、低热膨胀系数、耐烧蚀、耐辐射、耐原子氧、高可靠性和尺寸稳定性等优异的热学、力学、化学和电学性能。国家安全、能源和环境、核技术、信息、航天航空等领域的快速发展，对先进高分子材料的结构和功能提出了更高的要求。由于化学结构的特殊性（高刚性、难溶难熔、玻璃化温度高、熔点高等），先进高分子材料加工困难，所以限制了其大规模应用和推广。因此，先进高分子材料加工成型新方法的探索和加工过程成为发展趋势。另外，随着世界范围内化石资源（石油、煤炭和天然气等）的日益枯竭，以生物质为原料生产环境友好的化工产品和绿色能源是人类实现可持续发展的必由之路，其研究已成为世界科技领域的前沿。其中天然高分子材料的高效利用与高值转化将是该领域重要的研究内容。纤维素作为自然界储量最丰富的天然高分子材料，其加工应用日益引起重视。由于自身聚集态结构的特点（较高的结晶度、分子间和分子内存在大量的氢键），天然纤维素具有不熔、难溶的特点，即加工性能差。传统的再生纤维素材料制备技术存在强碱、强酸等二次污染，且能耗大、生产成本高。因此，发展高效与环境友好的纤维素加工和化学转化方法，已经成为天然高分子材料加工科学的研究重点，也是改变此类材料加工过程高能耗、重污染现状的迫切需求。

五、分析化学

分析化学是一门获取物质信息、揭示物质时空变化规律的量测科学。一方面，从获取物质时空组成、性质和含量信息的要求而言，准确、灵敏、选择、通量、原位、快速、简单、实时以至自动化测量是分析化学始终追求的目标。随着科技的发展和时代的进步，这种与时俱进的追求永无止境，并成为分析化学发展永恒的原动力。另一方面，对于物质在极端状态（超高温、超低温、强辐射、宇宙空间、外星、高速运动等）下单分子、单细胞水平信息和数据的获取，又使分析化学进入了新的境界。

分析化学把科学的最新发展转化为全新的分析方法和仪器，而分析化学的重大突破又将极大地推动科学的发展。例如，核磁共振就是将原子核自旋与磁场和射频场相互作用而发生的共振现象，转化为用于结构分析的核磁共振波谱方法（1991 年诺贝尔化学奖）、蛋白质结构的测定方法（2002 年诺贝尔化学奖）和磁共振成像方法（2003 年诺贝尔生理学或医学奖）。分析原理和方法上的多样性，决定了分析化学在自然科学中应用的广泛性。

1. 分析化学的发展与国家的战略目标始终一致

20 世纪三四十年代，原子光谱、质谱和离子交换色谱得到了快速发展，就是为了满足"曼哈顿"计划的需求。在我国近几年的重大食品安全事件及汶川大地震震后的环境检测中，分析化学家都能及时组织科技攻关，开发相关检测技术，建立相应的国家标准，为维护国家和人民的利益做出了重要的贡献。

国家的经济实力除了反映在国民生产总值及国防实力上，也反映在产品质量上，而产品质量则以高水平的分析检测为保证。分析化学始终在为各种产品质量的检测提供强有力的支持。众所周知，发达国家和地区对我国出口产品所设立的贸易技术壁垒，大多集中在产品的评价标准和检测技术领域，这对我国分析化学的发展提出了迫切的要求。我国分析化学家一直致力于发展高灵敏度、高选择性、高通量的分析检测方法，针对主要的进出口农产品、食品，加强科技攻关，建立相关检测技术，不断完善评价标准，推动了我国农产品、食品分析检测水平的快速进步。目前，我国在农产品、食品检测领域的分析化学水平正在逐渐接近发达国家水平，成为我国相关产品进出口贸易的坚强技术保障。

为提高全民健康水平及保障国家公共安全，迫切需要分析化学提供强有力的支撑。我国分析化学始终将涉及重大疾病与国家公共安全的分析方法的发展作为重要研究内容，加紧研究如重大疾病早期诊断，食品、环境有害物、爆炸物、毒品、生化恐怖源等快速、准确、灵敏的检测方法，以满足维护人民健康、社会稳定与国家安全的需求。从 2001 年全球首例手足口病到 2003 年的 SARS（严重急性呼吸综合征），再到 2009 年甲型 H1N1 流感病毒，在这些不断爆发的全球流行性疾病的控制与预防中，我国的分析化学科学工作者都发挥着重要的作用。

2. 分析化学的发展与国际科学前沿始终同步

目前国际科学的前沿是生命科学、材料科学、能源科学和环境科学，分析化学正是围绕这些前沿领域而快速发展的。得益于纳米科技和微流控学的先期发展和成功实践，微-纳尺度分离分析研究已经成为国际科学前沿领域。目前，以微流控学为起点的各项研究，都已从过去的微米尺度向微-纳米和纳米尺度过渡，这种发展又和纳米制备技术及其分析表征需求相关联。微-纳尺度分离研究的发展，还直接与生命科学前沿研究，如基因测序、蛋白质组学研究有关，同时也受益于生命科学新的研究成果。空间探测对携带仪器重量和体积的苛刻限制，也是促进微-纳尺度分析方法和技术发展的重要催化剂。这就说明，分析化学的发展必须面对科学前沿，并立足于多种学科前沿发展的基础之上，是前沿中的前沿，具有非常鲜明的特征和突出的时代感。

3. 分析化学的发展与相邻学科的发展始终相关

对于从分析化学实现对物质化学成分的认知而言，需要利用物质间和物质与各种力场间相互作用的原理、规律及科学技术的最新成果，最大限度地获取所需信息和有关科学数据。

从历史上看，分析化学的发展一直借鉴相关学科的成果。仪器分析作为一个相对独立的分析化学分支，首先得益于物理（电磁学、光学、力学、热学等）、材料（钢铁材料、无机材料、高分子材料及机械加工技术）和计算机科学等的发展；同时，生命科学、空间科学和环境科学的发展大大促进了分析化学的发展。再以微-纳尺度分离分析为例，它直接面对介观及以下尺度空间的科学问题，旨在构建和发展更高水平、更快速度、更有效率的物质组成、分布及其浓度信息的分析化学策略、方法和技术，以尽可能快速、全面和准确地获取介观、微观世界中丰富的信息。这也正是整个分析化学目前所追求的目标，更是生命科学、环境科学、材料科学、医药卫生和工业技术中所面临的必须解决的问题。因此，微-纳尺度分离的发展与整个分析化学的发展一样，也离不开相关学科的发展和支持。只有通过与其他相关学科，如数学、物理学、微加工技术等，进行深入的交叉和合作研究甚至融合，分析化学才能得到更好、更快地发展。

4. 现代分析化学以生命分析和环境分析为研究重点

生命科学是 21 世纪的科学前沿，环境分析关乎人类的发展，我国分析化学家近年来围绕这两个重点领域开展了分析化学研究，在蛋白质分析、DNA 测定、自由基检测、疾病诊断及环境污染物监测等方面不断取得新进展。

以生物传感方法与器件研究为例，从生物传感器的界面构筑技术，到核酸、蛋白质乃至化学小分子等各种生物靶标检测的信号转换与放大方法，再到传感器件的制作与标准化技术，均得到了长足的发展，某些生物传感技术与仪器已经在食品安全、临床诊断、疾病控制等多个领域进入应用阶段，彰示着我国生物分析在基础研究与应用研究领域均逐步走向成熟。为改善我国环境污染与污染物无害化处理状况，提高我国参与全球环境变化的合作能力，近年来我国分析化学工作者逐渐把环境分析化学作为一项重要的研究内容，发展了色谱与原子光谱联用技术等系列环境分析的新方法与新技术体系，自主研发了各种现场、在线的环境监测的传感器与仪器系统，在样品预处理、重金属离子分析、有机污染物分析与降解等方面开展了系统的工作，并在有机汞、有机锡和有机砷等环境污染物的化学形态分析、持久性有机污染物传输与演变趋势分析、累计机理与毒性效应方面取得了显著的进展，为我国履行《关于持久性有机污染物的斯德哥尔摩公约》国家目标做出了相应的贡献。

5. 现代分析化学与尖端仪器装置的研发紧密结合

"工欲善其事，必先利其器。"科学仪器是科学数据产生的源泉。回顾科学发展的历程可以看出，很多学科的发展首先有赖于技术方法及科学仪器的不断创新，近现代科学的发展更是以技术的迅速发展为重要基础的。众所周知，在诺贝尔物理学奖和化学奖中，大约有 1/4 是涉及测试方法和仪器创新的，如质谱仪、CT 断层扫描仪、X 射线物质结构分析仪和扫描隧道显微镜等。原因在于，科学研究新领域的开辟，往往要以实验装置、仪器技术及方法学上的突破为先导。以微流控学的研究为例，我国和国际研究的早期情况基本一致，首先是相关实验装置的加工和制备。经过国家 973 计划和国家自然科学基金委员会重大项目的成功实施，我国在微-纳尺度分离方面的加工技术已经处于世界前列，并形成了一定的加工创新能力，这为我国在此领域进行前沿探索提供了重要技术保证。

六、化工

化学工业是我国国民经济的支柱和基础产业之一，约占工业总产值的 1/3，近年来仍以两位数百分率的速度快速发展，为我国提供了大量的各类基础材料、交通能源和医药产品等。但一方面，我国化学工业的发展面临着能源和资源短缺、生态环境恶化、全球气候变暖的严峻挑战，因而实现我国化学工业可持续发展，是化工学科必须完成的首要任务，也是今后化工学科发展的社会需求推动力。另一方面，化工学科本身正经历一场新的变革，多学科交叉和科学前沿牵引成为化工学科发展的另一内在推动力。特别是伴随着绿色化学、纳米技术、信息技术的快速发展，化工的研究内涵正在从传统的"三传一反"宏观现象研究拓展至微纳米层次直至分子层次的机理、多尺度、系统性的科学研究。化学与化工正在微-纳米层次上对接，从化学发现到新产品、新技术开发到工程化应用的周期明显缩短，信息数字化技术的发展正在分子模拟、过程模拟和生态全生命周期大系统模拟方面推动着化工学科的快速发展。纳米技术的发展为化工检测、高效催化材料和化学产品工程的发展注入了新的活力。所有这些极具时代发展特征的变化，给化工学科的研究带来了前所未有的挑战和发展机遇。

未来的化工将继续发挥满足国家和社会经济需求的作用，其前沿方向将不断更新和丰富并呈现多样化的格局。

1) 资源/能源清洁转化利用的化工基础。煤炭、石油、天然气、矿物等资源/能源是支撑国民经济发展的基础。化石资源的转化利用经历了煤炭、石油、天然气交替至互补的发展历程，属于典型的高能耗、重污染过程，建立高效、洁净利用化石资源的关键技术和建立非石油基含碳化学品的高效转化系统，是未来化工学科的主要任务之一。一方面，研究开发化石资源/能源的清洁化工过程，特别是关键催化与分离技术等，是重要的研究方向；另一方面，化石资源/能源加工与消费产生的二氧化碳的捕集、封存和化学转化利用，将成为化工学科的研究与发展热点。矿物资源方面，我国钒钛磁铁矿、铝土矿、稀土、盐湖等资源利用效率低，环境负载极重；废弃资源的循环利用程度差，造成资源的极大浪费。对于传统不可再生资源，需要加强传统工艺的升级换代，提高原子经济性，达到大幅度节能减排的目标。二氧化碳捕集、储存及转化利用，气态污染物控制，废水处理，固废处理，二噁英控制技术，绿色介质，物化-生化组合一体化，资源化/处理一体化等工艺、技术等都是化工学科当前关心的主题。

2) 与可再生资源/新能源相关的化工基础。化石资源的过度消耗对人类社会可持续发展必需的能源供应带来了严峻挑战，发展太阳能和风能等可再生资源及以核能为基础的电力系统，大幅度节约石油和煤炭等化石资源，最终构建完全不依赖含碳化石资源的能源供应系统是人类应对挑战的最高目标。与发展新能源技术密切相关的过程工程，太阳光在非常规介质和大规模反应器的传递规律，太阳光电转化的调控机制及高效低成本制氢技术，电化学能源的关键材料与技术，生物质的多尺度结构及转化过程调控、规律等，将丰富与发展化工学科的内涵。将新兴生物技术与化工过程调控，以及先进反应器和分离技术相结合，将有助于实现将生物质原料转化为化工初级原料；与现有化工产业结合，有助于构建基于"碳水化合物"原料的化学工业体系，从原料路线上保持化学工业的可持续发展。

3) 现代医药化工。医药化工产业对于中国这样一个即将步入老龄化社会的人口大国具有特殊重要的意义，也是化学工业中附加值最高和知识产权保护最严格的领域。基于基本化工原料的化学合成是新药创制的重要途径，如煤焦油和石油化工重芳烃的萘酐、蒽醌、菲、咔唑、芘、芴、苊等重要组分能衍生出性能优异、机制独特的抗肿瘤药物、光动力药物与植物保护药物；开展新医药、农药、现有药物及中间体的绿色高效有机化工过程技术及产品技术的研究，具有潜在的重要需求和应用价值。一方面，由于医药产品的特殊性，新药物剂型开发仍是产品创新最有效及赢利的途径，其核心科学问题是剂型化的药物在体内的传递及其与靶标的作用机制，属于复杂流体流动、传递和反应过程；另一方面，生物药物及人工组织器官的加工与使用则涉及更为复杂表面和立体结构的可控形成问题，这些问题的解决将引领化工理论和技术进步，并为实现生命过程的量化分析和动态调控做出独特的贡献。

4）材料化工。材料化工涉及众多领域，其中高效分离材料和能源材料技术等都列入《国家中长期科学和技术发展规划纲要（2006—2020 年）》中"重点领域及其优先主题"或重点规划的"前沿技术"。各种性能的生物材料的设计和调控过程及其应用研究将是重要的研究前沿；能源转化材料、环境材料中有毒有害材料的替代材料和纳米材料已成为材料化工的热点研究方向。

5）分子化学工程。分子化学工程的目标是提供设计、合成和使用化学分子，以及在不同尺度下精确调控化学反应、分离和传递过程的理论和方法。分子工程的兴起首先受益于现代高性能计算技术和先进分析测试技术，而化学与化工的融合也促进了化工学者更加高效地综合运用化学制备、过程实验、模拟优化等工具，从分子水平揭示和调控化学反应和分离过程。分子化学工程的发展使得化工科学有能力制备复杂的分子结构和调控更为复杂的化工过程。

6）化学产品工程。以性能为目标设计和控制产品化学结构是产品工程的基本原理，通过创新研究，形成新的产品和过程设计原则，实现产品功能和制造过程的强化与优化，是化工产品原始创新的主要内涵，相比于过程工程，产品工程侧重于如何创意、设计和制备可商业化的新化学品。生命科学、电子信息、航空航天等新型学科和产业为化工产品功能强化提供了新的学科发展空间；农业、能源、建筑、机械制造、轻工、纺织、制药等传统产业的现代化和可持续发展，给化工产品功能强化提供了新的机遇和挑战；计算化学、组合化学、超分子化学、高选择性催化、可控化学反应、分子自组装等为实施产品工程提供了基础。例如，有机材料的结构多样性与可加工性使其成为构筑现代社会生产和生活的基本原材料；无机超分子组装提供了丰富的环境友好型化学产品种类；天然高分子的高效精细加工将提供易于降解的高分子材料，也有利于碳减排和碳循环。

7）计算机模拟与虚拟过程工程。随着人们对化工过程机理认识的深入，以及计算机科学和计算机技术的发展，以超级计算为基础的计算模拟不仅为化工科研，而且为化工技术研发和生产带来了新的机遇，尤其是多尺度并行计算将为实现虚拟化学工程开辟道路，也将是 21 世纪化工科学的发展方向。多尺度理论和方法的目标是定量地阐述化工过程，为装备设计和工艺优化提供基础。分子模拟和计算流体力学方法、现代分析技术等为多尺度理论和方法的构建和应用提供了有力的支持。已有的研究结果表明，化工过程不能被简单地看做是放大的烧杯中的化学，对复杂化工过程的预测也不能够完全建立在其子系统结果的简单加和上。多尺度理论和方法的发展将为定量描述化工过程流动、传递和反应特性、设计化工装备和调控化工过程提供基础，其中不同尺度过程之间的耦合成为核心科学的前沿。

8）过程系统工程与生态工业。现代化工产业的超大规模和复杂流程，以及市场国际化使得其日益成为一个"信息密集"型产业。在过程系统工程完成其在线优化控制和全局生产决策任务的同时，构建"安全生产系统"绿色生产体系成为重要而迫切的新使命，即诊断、预防和及时处置生产事故并最大限度地降低次生灾害。工业生态园区是体现"可持续发展"和"循环经济"的工业形态，园区的"生态"特性决定了企业生产过程的多样性和相互联系与作用的多层次性。除去探索构建高效、低耗、低排放系统的方法之外，凝练具有科学性的化工过程评价指标体系、研究开发从分子尺度到系统尺度的模拟优化集成系统方法、提供便捷易用的化工产品和流程信息存取系统也是化工系统工程的重要任务。

七、环境化学

环境化学起源于 20 世纪六七十年代，是一门快速发展的交叉学科，并逐渐形成环境分析化学、环境污染化学、污染控制化学、污染生态化学和理论环境化学等分支学科，在解决重大环境问题中发挥着至关重要的作用。

1）环境分析化学，主要运用现代分析化学的新原理、新方法和新技术鉴别和测定环境介质中有害化学物质的种类、浓度及存在形态。环境分析化学发展非常迅速，如从经典手工操作的化学分析发展到连续自动化的现代仪器分析，从常量分析发展到微量、痕量、超痕量分析，从宏观分析发展到表面结构和微区分析，从单元素分析发展到复杂物质分析，从常见污染物分析发展到新型污染物分析，从单一分析方法发展到多种分析方法联用，从污染物定性定量分析发展到毒性及在环境中的迁移转化分析等。应用高新技术（如激光、微波、分子束、核技术、纳米技术等）将从根本上改变原来的分析方法、步骤和程序，必将进一步提升环境分析化学的研究水平。

2）环境污染化学，包括大气污染化学、水污染化学、土壤污染化学等，主要应用化学的基本原理和方法研究化学污染物在大气、水体、土壤环境介质中的形成、迁移转化和归宿等化学行为和生态效应，为环境污染控制与修复提供科学依据。近几年，环境污染化学研究得到了长足发展，特别是在解释典型污染物的环境行为和重大环境污染事件的化学机制方面取得了重要突破，如臭氧层损耗、温室效应、酸雨等全球性大气环境问题，水体中典型重金属形态变化、有机污染物降解、水体富营养化等水环境过程，典型污染物在固–液界面的吸附/脱附行为及在土壤孔隙中迁移渗透等。环境污染化学将在继续深入研究污染物单一介质环境行为与机制的基础上，加强研究污染物多介质界面行为、生物有效性及调控原理，研究尺度将由局部地区向区域和全球范围过渡，研究方式将由定性描述向定量预测发展，并注重复合污染过程和新型污染物的环境行为研究。

3）污染控制化学，主要研究与污染控制和修复有关的化学原理及工艺技术中的化学问题，为开发经济、高效的污染控制及修复技术，发展清洁生产工艺提供理论依据。20 世纪 80 年代之前，污染控制化学研究主要围绕末端污染控制模式，对发展污染控制技术和治理环境污染产生了积极作用。之后，污染控制理念由污染源末端治理向"预防为主"、"综合利用"、"零排放"等过渡，污染控制化学开始在"清洁生产"、"绿色化学"、"生态工业"、"循环经济"等全过程控制模式中发挥重要作用。目前，污染控制化学面临着巨大挑战，既要从源头控制并减少污染物产生，也要提高末端污染治理效率，修复已被污染的环境。在环境污染控制与修复实践中，污染控制过程与机制逐渐清晰，污染控制化学得到了很大发展，并推动了新型高效环境功能材料、清洁生产与污染物削减技术、环境污染控制与修复技术的研发及应用，有效地促进了环境保护和经济社会的可持续发展。

4）污染生态化学，在种群、个体、细胞和分子水平上研究化学污染物与生物之间相互作用过程，以及化学污染物引起生态效应的化学原理、过程和机制，即宏观上研究化学物质在维持和破坏生态平衡中的基本作用，微观上研究化学物质和生物体相互作用过程的化学机制。目前，污染生态化学主要研究典型化学污染物在生态系统中的积累、迁移转化、降解代谢、生物毒性效应及机理、生态风险及其快速准确诊断等，在保障生物多样性、农产品安全生产、绿色化学、污染环境修复等方面发挥了重要作用。对污染物的生态效应研究已从单一化合物发展到复合污染，从点源发展到面源，从直接生物毒性发展到间接效应（如食物链传递放大等），从人类健康效应发展到野生生物安全，从局部环境影响发展到全球生态风险。从发展趋势看，污染生态化学将加强研究污染物在环境介质-生物界面的迁移转化过程及机制、污染物的致毒/脱毒过程、生态系统化学污染阻控新方法与新技术等。

5）理论环境化学，包括应用物理化学、系统科学和数学的基本原理和方法，以及计算机仿真技术，研究环境化学中的基本理论问题，主要包括环境系统热力学、动力学、化学污染物结构-活性关系及环境化学行为与预测模型。早期理论环境化学主要研究有毒有机污染物的结构-活性关系。随着环境化学行为研究的不断深入，理论环境化学开始关注并研究环境污染热力学和动力学、化学污染物在环境介质中的微观界面行为及反应机理、污染物的环境归宿和生态风险评价数学模型、污染物的界面效应和环境现象的非线性和非平衡理论、环境化学方法学体系等。

围绕解决日趋严重的环境问题、实施可持续发展战略，环境化学研究不断向纵深发展，研究理念从被动研究重大环境问题转向主动预防解决可能出现的环境问题，研究方法不断完善，研究水平不断提高，国际合作不断加强，并推动了其他学科和相关技术的发展。环境化学发展呈现出如下特点与态势。

1）研究方法不断完善：环境化学工作者越来越多地应用化学、地球科学、生物学、毒理学、流行病学及数学等其他学科的新思维、新方法和新技术研究环境问题。例如，在环境污染化学领域，应用大气科学的方法和数学模型研究污染物的长距离传输；在理论环境化学领域，应用定量结构-效应关系研究污染物的剂量-效应关系和结构-毒性关系；在环境毒理学领域，应用基因组学、代谢组学、蛋白质组学、金属组学及环境组学等各种组学技术研究相关科学问题。此外，环境化学还从传统的热力学平衡方法发展到应用动力学方法研究多介质环境过程及效应。

2）研究内容不断丰富：关注的污染物不断增加，从重金属、常见有机污染物逐渐转向持久性有机污染物和新型污染物，如溴代联苯醚、全氟辛烷化合物、内分泌干扰物、纳米颗粒物，以及污染物的降解和代谢产物；研究体系更加接近真实环境，由单一污染发展到复合污染，由单一介质发展到多介质体系。

3）研究深度不断增加：由传统的现状调查等表象研究发展到注重机制机理研究，从分子、细胞、个体、种群水平发展到生态系统研究；从研究高浓度、单一污染的短期生态效应转向研究低浓度、复合污染的长期效应。

4）研究领域不断扩大：由室内环境发展到室外环境；由多介

质界面行为研究发展到区域环境调控；由区域环境发展到全球环境；从生物有效性发展到毒性机制；从生态毒理学发展到健康效应；环境化学不断与其他学科交叉和渗透，形成环境与健康等新的重要研究方向。

5）推动相关学科发展：环境化学是随着环境问题的出现而产生的，并在与地球科学、生物科学、医学等其他学科的交叉融合中逐渐发展。分析化学、物理化学、有机化学等化学分支学科的发展推动了环境化学的发展。环境化学主要研究污染物在地球表层各圈层（大气、水、土壤等）中/间的环境行为、生物生态效应及控制的化学原理和方法，因此，环境化学与地球科学的交叉发展非常紧密。环境化学与生物学的交叉融合日益深入，它需要从分子和细胞水平研究污染物的致毒作用及机理，而生物科学和生态学工作者在研究污染生态效应时，也必须了解污染物的环境行为与过程。在环境污染治理实践中，环境化学与工程科学的交叉不断深入。例如，环境化学与计算机科学的交叉使以实验为基础的环境化学研究趋于理论化，并解决了一些过去难以进行数值求解的问题，促进了理论环境化学的发展。

环境化学发展也推动了化学其他分支学科、地球科学、生物学、毒理学、生态学、土壤学、大气科学和水科学等相关学科的发展。一方面，其他学科发展的新技术、新方法为环境化学发展提供了方法和手段；另一方面，环境问题的发现，又对其他学科提出了新的科学问题与挑战，进而推动其他学科的发展。例如，水俣病、痛痛病等环境问题的研究，推动了原子光谱-质谱联用技术的发展，由此发展的复杂基体中重金属形态分析方法又在生命科学、食品科学、地球科学等其他领域发挥了巨大作用。可以相信，环境化学的进一步发展将更加依赖于多学科的有机融合交叉，在这种交叉融合中，将会产生一些新的学科增长点，并推动其他相关学科的发展。

八、化学生物学

20世纪初，物理学家和化学家逐步进入了生命科学研究领域，形成了第一次多学科交叉的潮流，这个时期形成的"生物化学"（biochemistry）学科，涉及发生在植物、动物和微生物的化学物质和过程中的科学研究，成为现代化学的一个分支。随着人类基因组计划的实施，生命科学又一次兴起了多学科交叉的潮流。由于生物学研究越来越定量化，技术也越来越复杂，对生命的认识越来越需要各类技术和方法的支持，所以化学生物学（chemical biology）就是在这样的背景下兴起的新型交叉学科。从技术与方法的角度来看，化学生物学主要有三个研究特点。

1）采用化学小分子作为研究工具。通过小分子与生物大分子的相互作用来研究生物大分子的性质与功能，这是埃尔利希（P. Ehrlich）"受体"与"配体"理论的新发展。20 世纪 90 年代，斯莱伯（S. Schreiber）教授提出化学生物学的一个重要任务是："为每一个基因找到相应的小分子化合物，用它们来分析细胞和有机体的功能。"在此基础上，逐步形成了两种主要的化学生物学研究策略。一种策略是"正向化学生物学研究"，即首先用各种化学小分子处理细胞或者生物体，观测研究对象的表型变异，获得具有生物活性的小分子；然后经过进一步的研究，寻找到活性小分子的作用靶标。另一种策略是"反向化学生物学研究"，即首先用化学小分子处理特定的生物大分子，确定小分子与生物大分子相互作用的特征，然后在此基础上研究生物大分子在体内的功能。

2）发展出各种用于检测生物大分子在生物体内活动的化学标记物和检测新方法。其主要发展方向是"生物正交化学标记法"（biorthogonal chemical reporter），即将含有特殊化学官能基团（如 ketone 或者 azide）的"化学报告分子"引入细胞或者生物体内，利用体内自身的生物合成机器将这些化学官能基团通过共价键的形式结合到生物靶分子上；随后就可以利用物理或化学的方法对这些生物靶分子上的标记进行检测。代表性工作，如舒尔兹（P. G. Schultz）实验室发明的"非天然氨基酸的蛋白质合成"技术，即将人工合成的非天然氨基酸引入细胞，利用该合成酶将指定的非天然修饰氨基酸加入蛋白质的序列之中。

3）化学生物学的基础研究与应用研究关系密切。一个能够与生物大分子发生作用的小分子化合物，不仅可作为研究生物大分子性质与功能的探针，而且有可能成为控制生物体活动的活性物质。20 世纪初，德国化学家埃尔利希获得治疗梅毒的一个化学小分子，并以此奠定了现代药物学的基础就是很好的实例。化学生物学的兴起，其主要驱动力来自人们对健康与疾病的关注。深入开展相关研究，可以发现更多的候选药物，有利于保证人类健康、抗击疾病和促进社会经济发展。此外，活性化学小分子在农业、生物能源、生物技术等生物经济方面也都有着重要的意义。

九、放射化学

放射化学主要包含六个方面的研究内容。

1）先进核能化学。当前核裂变能可持续发展必须解决两大问题，即铀资源利用的最优化和核废物的最少化，由此给核能放射化学学科提出了一系列的基础科研课题。针对当前发展热堆燃料循环的需要，超铀元素的裂变化学、次要锕系元素的分离化学、裂变元素化学及镧系/锕系分离化学已经成为先进核能化学的研究主流方向。

2）环境放射化学。环境放射化学是 20 世纪 50 年代产生的一门放射化学与环境化学高度交叉的学科，与环境中放射性核素的健康效应密切相关。在过去半个多世纪里，作为环境化学与放射化学的一个结合点，环境放射化学在世界范围内得到了快速发展，在环境保护、核能可持续发展等领域发挥了重要作用。目前，随着全球核能的新发展、核技术的广泛应用、退役核设施数量的不断增加、核污染场环境整治的迫切需要及对高放废物安全性的严重关切，深入开展弱吸附性放射性核素和超铀核素在环境介质中的扩散、迁移、吸附、解吸，以及在植物和水生生物中的吸收、富集和载带过程及其有关机制的研究，已经成为环境放射化学的发展方向。

3）放射化学与国家安全。核武器一直是维护国家安全的重要基石，我国核测试验放射化学的研究是从 20 世纪 50 年代末开始的，为国家安全和放射化学的发展做出了重要贡献。深化对铀、钚表面化学的规律认识，提高核材料的环境适应能力，采用各种先进分析技术和极端实验条件并结合理论计算方法，从多尺度研究核材料的自辐照损伤效应、微结构变化和表面化学状态变化，深入研究化学老化和物理老化机制。加强金属氚化物中氦演化行为的计算模拟和实验研究间的联系。在氢同位素分离技术方面，需进行工程化应用研究。在氚监测与测量技术方面，需尽快开发氚的在线测量技术。我国应发展先进的氚退役技术，建立相应的国际标准方法。开发高性能储氢材料，探索高密度储氢材料直接用于制备成惯性约束聚变（ICF）用氘氚燃料靶丸的可行性。

4）放射性药物化学。新的靶向药物（如脑放射性药物）的设计、制备、结构及其表征，从分子水平揭示疾病的发生、发展、机理和疗效评价，对阿尔茨海默病、帕金森病、癫痫、脑卒中及精神分裂等疾病进行早期诊断是放射性药物化学的重要方向。新的分子探针的设计，特别是具有受体特异结合的肿瘤显像分子探针，以及心血管疾病的放射性药物正在受到学术界的关注。

5）放射分析化学。重点依托中国先进研究堆、三大同步辐射装置和中国散裂中子装置等大科学平台，发展新的具有更高灵敏度、准确度、空间分辨率和时间分辨率的核分析方法，实现从分子到原子水平的实时和活体分析。加强核分析在交叉学科（如纳米毒理学、分子环境科学、金属组学等）中的应用。同时发展为食品安全、国家安全和新型能源服务的新型核方法。

6）核化学与放射化学数据中心。乏燃料后处理、高放废物处置和放射性同位素应用等的工艺设计、安全评估及过程控制强烈依赖于理论或模型的计算。为进行精确可靠的计算，必须编写高质量的应用软件和相关的数据库，这是工艺的先进性和安全性的保证，也是一个国家的核心竞争力之一。因此，建立国家核化学与放射化学数据中心，对内负责数据库建设计划的制订、组织实施、质量保证、评估验收、发布与发行及效果追踪，对外参加国际合作和交流。建立核化学数据库，高放废物处置数据库和核燃料循环数据库并逐步完善。

第三节　国际化学的发展趋势

作为一门"核心、实用、创造性"的科学，化学历来是世界各国最重视的自然科学学科之一。在过去的几十年中，化学的迅猛发展不仅丰富了学科本身的内涵，也拓展了学科的研究领域，还对现代科学、技术、文化和经济发展起到了关键的支撑和引领作用。为了总结化学学科的发展、揭示学科的发展规律、规划学科的未来方向，世界各国化学家对化学的发展趋势和重要方向进行了卓有见地的研讨。

早在1985年，美国国家科学研究委员会在题为"化学的机遇"的调研报告中，就明确提出了化学需要优先发展四个主要领域，即化学反应动力学，生物活性和功能体系的高选择性合成化学，化学催化和生命过程中的化学问题，极端条件下的化学行为和与人类生存相关的分析和环境化学等。日本和欧盟也分别在他们的"前沿"计划和"尤里卡"计划中提出了相似的优先发展选题。

21世纪，各国化学家又进一步研讨了化学的前沿和热点问题。美国化学家在《超越分子前沿——化学与化学工程面临的挑战》一书中提出了化学的九个重要领域：①合成与生产，创造和探索新物质及新转换；②物质的化学和物理转化；③分离、鉴定、成像，以及物质和结构的测量；④化学理论及计算机建模：从计算化学到过程系统工程；⑤与生物及医学的交叉；⑥材料设计；⑦大气及环境化学；⑧供应未来所需的能源；⑨国家安全与个人安全。

我国香港化学家在"香港21世纪的化学发展前景讨论会"上讨论认为，21世纪国际化学发展的主要特点如下：①原子经济性的反应效率将成为化学家高度关注的领域；②多层次化学的研究将引起化学家的重视；③化学与物理、材料、生物和信息等其他学科的相互渗透、交叉、融合将成为21世纪科学发展的必然趋势；④从化学基础研究的重大突破到形成高新技术产业化的周期将会大大缩短。

我国在《国家中长期科学和技术发展规划纲要（2006—2020年)》中也将"新物质创造与转化的化学过程"列入基础科学研究的科学前沿问题，指出包括新的特定结构功能分子、凝聚态和聚集态分子功能体系的设计、可控合成、制备和转化，环境友好的新化学体系的建立，不同时空尺度物质形成与转化过程，以及在生命过程、生态环境等复杂体系中的化学本质、性能与结构的关系和转化规律等主要研究方向。在与能源、健康、农业和信息等面向国家重大战略需求的基础研究中也进一步明确了化学科学的重要地位。

纵观化学近年来的发展，结合国内外对化学学科发展趋势的分析，我们认为化学的国际发展趋势可以归纳为以下四个方面。

一、发现和创造新物质是化学的核心任务

发展研究物质结构、揭示化学反应历程和机理的新理论、新方法和新技术是化学学科在今后相当长时期内的发展重点，相关研究的突破将给化学带来新的变革。其中，合成化学和反应过程的研究仍是化学的核心，并将始终处于发展的前沿。化学最重要的是创造新反应、制造新物质、寻求创造和发明高效和高选择性的反应与途径。

合成方法多样化、微型化已成趋势，包括组合化学、微流芯片合成、受生物和自然启发的高效绿色合成等方法日益受到人们的关注；合成条件的极端化也将在新材料的探索中扮演更重要的角色，模拟太空条件下的高真空/无重力合成、模拟深海条件下高压/高离子浓度合成及模拟地质演变过程中的高温/高压合成等方法将受到重视；模拟宇宙演化过程的强电场、磁场等条件的合成化学也将得到发展。

在对化学反应机理的理解方面，现代科学技术的发展使我们有可能阐明化学反应的全过程，包括介于反应物与生成物之间的不稳定过渡态的结构。化学将会利用现代科学技术手段揭示化学变化的瞬态面貌，阐明决定化学反应速率的各种因素和反应机理。超快激光、量子化学等技术和理论为化学科学提供了强有力的研究手段，使人类能够实时地观察最快的化学反应过程，对反应的位能面进行理论计算，在精细的水平（态-态）上考察化学变化，追踪分子内

和分子间的能量转移。此外，化学将会更加注重对分子间弱相互作用的研究，从而为化学带来新的发展机遇，为生命科学和材料科学等学科的发展提供支撑。

二、化学依然是现代科学技术的中心学科

化学的发展将促进其他学科和技术的进步，同时，化学的前沿也存在于与这些学科的交叉之中，从而产生新的学科生命力，发展新的学科分支。除了化学内部分支学科的交叉和融合外，化学与生命科学的交叉使人们不仅仅关注金属配合物与生物大分子相互作用及其模拟，而且将从活性分子、活体细胞和组织等多个层次研究化学物质与生物体相互作用的分子机理、热力学和动力学平衡和代谢过程，同时更加关注生物启发的化学分子在生物体自修复、生物信息响应和传导以及生物免疫体系构筑研究；化学与材料科学的交叉则更加注重面向功能材料及其器件需求的绿色、高效合成和制备工程研究；化学与能源化学、绿色化学和环境科学的交叉则更加关注材料的表/界面及活性位点的控制，以及化学过程的高效、低耗和洁净过程研究，更加注重支撑社会可持续发展的合成化学及过程问题；化学与物理科学和信息科学的交叉除了继续探索新材料、研究构效关系外，将更加关注新现象、新原理的发现，并将借鉴多种量子力学和凝聚态理论深化对物质微观结构和性质的认识；化学与物理科学、材料科学的交叉不仅催生了纳米科学等具有重大科学意义和应用背景的新兴学科，还将继续发挥其在纳米材料的合成、表/界面、微结构和组装控制等方面的优势，并将逐步建立适于纳米尺度及其反应变化过程的理论和模型，深化对材料结构/微结构与性质的关联规律认识，不断发现纳米材料的新性能和新效应，为纳米材料的真正应用奠定物质和理论基础。

三、化学将挑战复杂体系和生命起源等重大科学问题

在发展物质组成、结构和性能的表征技术的同时，更加重视理

论与实验的紧密结合。自然界有许多复杂体系，而化学对分子复杂体系的研究可能会促进现代科学对复杂体系的研究。化学已经部分阐明在地球原始条件下产生一些生物小分子的过程，但是对于这些分子如何进一步转化为生物大分子，以及如何形成自复制、自适应的生命体系还需要进行大量的研究。

基于结构和表征技术的发展，化学将针对不同尺度和时间变化过程的复杂体系，应用量子化学和凝聚态理论，发展生命科学理论、化学信息学和数据库技术，更加注重理论指导下面向功能的组成和结构设计，从而逐步建立综合化学合成、材料设计和构效关系的模拟计算系统，建立适于化学合成和性质研究的实验-理论-模拟系统。同时，化学的研究对象具有多尺度特点，为全面考察化学物质在分子、团簇、聚集体、体相及生命体等多尺度下的理化效应及其组装、协同和复合效应提供了条件，这将为生命科学、纳米科学、能源科学、信息科学等领域的科学研究和技术发展创造更多机会。

四、化学将在可持续低碳社会发展中扮演日益重要的角色

基于化学合成和反应的过程工程将加速向应用的转化，并造福人类。化学科学可为提高能源相互转化的效率（包括太阳能高效利用等）提供新材料和新技术，同时也可为现代制造业、医药工业的发展提供思想和技术。追求采用无毒无害的原料和溶剂，通过原子经济性或高选择性化学反应生产环境友好的产品，且面向生产过程，以最低能耗和最少污染为特征的绿色化学已成为化学发展的重要任务。

化学反应的热力学、动力学和物质转换平衡是过程工程的重要基础，随着化学在新物质和功能材料的理论设计及模拟方法的完善，面向功能和器件化学合成方法的发展，以及性质和功能研究及规律性认识的深化，基于合成化学的基础研究成果将加速向化工、医药、材料及器件等实际应用领域转化。对相关知识产权的争夺亦将成为国际上新的竞争焦点，化学合成及材料的知识产权将成为各国的重要经济支撑点，并将影响包括国家安全在内的关键领域。

第三章

化学的发展现状

第一节　概　况

　　近10年来，我国化学研究的水平有了很大的提高，研究成果受到国际同行越来越多的关注，完成了许多在国际上具有重要影响的工作，并逐渐开始与世界前沿化学研究接轨。在化学科研队伍建设方面也取得了很大成绩，已经形成了一支规模较大的化学研究队伍，具备了从事重大科学问题研究的条件和基础。

　　我国在化学领域发表的文章总数和被引用文章数、引用次数逐年上升，已经位居世界前列。1999～2009 年，中国在化学研究领域发表的 SCI（科学论文索引）论文总量列世界第二位，成为 SCI 论文增长速度最快的国家，在此期间论文被引用次数位列世界第四位。2005～2008 年中国在化学领域拥有高被引次数的论文数量超过日本，成为重要研究成果的主要产出国家之一。

　　除了论文数量增加外，论文的质量也逐渐上升。2002 年到 2009 年 9 月，*J. Am. Chem. Soc.* 共发表论文 24 505 篇，其中中国内地科学家在 *J. Am. Chem. Soc.* 上发表论文 1090 篇，所占比例为 4.5% 左右，排在第七位。对 2007 年以来的论文情况进行统计，中国内地的论文数超过了英国和法国，上升到了第四位（美国4832篇，日本 1076 篇，德国 739 篇，中国内地 542 篇，英国 523 篇，法国 459 篇）。从 2002 年到 2009 年 9 月，*Angew. Chem. Int. Ed.* 共发表论文 11 594 篇，中国科学家的论文数为 751，排在第五位。

从 2007 年到 2009 年 9 月的论文统计显示，中国科学家的论文数排名上升到第四位（美国 1311 篇，日本 1197 篇，德国 578 篇，中国 389 篇，英国 371 篇，法国 341 篇）。

我国化学家担任包括 *Acc. Chem. Res.* ，*Chem. Soc. Rev.* ，*J. Am. Chem. Soc.* ，*Angew. Chem. Int. Ed.* ，*Chem. Commun.* ，*Inorg. Chem.* ，*Macromolecules* ，*Adv. Mater.* ，*Adv. Funct. Mater.* ，*Chem. Mater.* ，*Environ. Sci. & Tech.* ，*Green Chem.* ，*Biomacromolecules* ，*Langmuir* ，*J. Mater. Chem.* ，*J. Phys. Chem.* ，*J. Med. Chem.* ，*J. Org. Chem.* ，*Org. Lett.* ，*Cryst. Grow. Design* ，*Organomeallics* ，*Chem. Asian. J.* ，*Theor. Chem. Acc.* ，*Polymer* ，*Dalton Trans.* ，*Trends Anal. Chem.* ，*Analyst* ，*Talanta* ，*CrystEngComm.* ，*J. Inorg. Biochem.* ，*Eur. J. Inorg. Chem.* ，*Micropor. Mesopor. Mater.* ，*Inorg. Chim. Acta* ，*J. Solid State Chem.* ，*J. Organomet. Chem.* ，*Inorg. Chem. Commun.* ，*Mater. Res. Bull.* ，*Polyhedron* ，*Solid State Sci.* ，*J. Mol. Struct.* ，*Appl. Organomet.* ，*Polymer Chemistry* ，*Polymer International* ，*Polymer for Advanced Technology* ，*Biomaterials* ，*Macromolecular Biosciences* ，*Z. Anorg. Allg. Chem.* 等在内的重要学术期刊的编辑、副主编、编委、顾问编委。中国化学家在包括 IUPAC 在内的重要学术机构担任重要职务的人数越来越多。

第二节　各分支学科的发展现状

以下从各学科的角度阐述我国化学领域的优势学科、薄弱学科和交叉学科的发展状况、经费投入与平台建设情况及人才队伍情况。

一、无机化学

近 10 年来，我国无机化学研究的整体水平有了很大的提高，开展了许多在国际上具有重要影响的工作，与先进国家无机化学研究的差距不断缩小，原创性的研究成果不断增加，研究论文不但在数量上增加很快，在影响力方面也在不断提高。单以无机化学领域的核心杂志 *Inorg. Chem.* 和 *Dalton Tran.* 统计，中国内地每年发表的论文均大幅度增加（表 3-1）。2000 年中国内地在上述两个杂志发表论文 90 篇，占世界发表论文总数的 5.40%，排名第七；2002 年在上述两个杂志发表论文 121 篇，占世界发表论文总数的 6.99%，排名第五；2003 年在上述两个杂志发表论文 170 篇，占世界发表论文总数的 8.97%，排名第四；2006 年在上述两个杂志发表论文 236 篇，占世界发表论文总数的 10.99%，排名第三；2007～2008 年，中国内地在上述两个杂志中发表论文的排名一直保持世界第二，仅次于美国。在某些研究方面，我国的无机化学研究已形成一定的优势，并在国际化学界占有一席之地。

表 3-1　2000～2008 年中国内地在 *Inorg. Chem.* 和 *Dalton Tran.* 发表论文统计

项目	2000 年	2001 年	2002 年	2003 年	2004 年	2005 年	2006 年	2007 年	2008 年
发表论文总数/篇	1666	1678	1731	1895	1779	1830	2148	2216	2328
中国内地发表论文数/篇	90	100	121	170	132	156	236	269	309
中国内地发表论文所占比重%	5.40	5.96	6.99	8.97	7.42	8.52	10.99	12.14	13.27
中国内地排名	7	8	5	4	5	4	3	2	2

资料来源：根据 Web of Science 的资料统计分析得出。

总体上来看，我国无机化学学科在无机合成化学、固体化学和配位化学等领域占有优势，在国际上具有重要的学术影响。

经过多年的努力，我国无机合成化学研究成果累累，研究水平居于国际先进行列。特别在以下三个方面取得了引人注目的成就。

1）在水热体系中设计和实现新的无机化学反应，将水热合成方法应用到多类化合物和材料的合成、制备与组装，近年来又拓展到溶剂热合成体系。涉及的材料从传统的沸石分子筛到新型的微孔固体和开放骨架晶体，到介孔材料，到复合氧化物和氟化物，再到近年发展起来的配位聚合物及无机-有机杂化材料，在无机固体和纳米材料合成中应用也非常普遍。在水热及溶剂热合成方法的应用方面产生了一大批新化合物和新材料，系统性和创新性的研究成果提高了我国在此研究领域的国际地位。根据 Web of Science 统计，过去 10 年里，我国在该领域的研究论文数量约占全球论文总数的 1/3，居国际首位。

2）在微孔晶体和介孔材料合成、结构与性能的研究方面开展了大量工作，尤其是在微孔晶体材料的分子工程学研究、新型介孔材料的发现与应用研究等领域取得了重要进展，产生了极其重要影响。根据 Web of Science 统计，过去 10 年里，我国在介孔材料领域的研究论文数量占全球论文总数的 24%，居国际首位，在分子筛及微孔晶体领域的论文数量占总数的 16%，仅次于美国，居第二位。

3）在化合物和材料的设计合成、结构与性能关系的研究中，开展了较为系统的探索性工作，具有一定的特色。在金属配合物、功能纳米材料、团簇、碳硼烷等合成中，取得了一系列重要成果，受到国际学术界的关注，获得多项国家和国际奖励。

自 20 世纪 70 年代开始，我国科技工作者在固体化学的多个领域取得令人瞩目的成就。在发展非线性光学晶体材料科学中做出了巨大贡献，研制出一批性能优异的新型非线性光学晶体，如 β 相偏硼酸钡（BBO）、三硼酸锂（LBO）、掺铈钛酸钡（Ce-BaTiO$_3$）等晶体；发现单一元素的多重价态共存无机固体中构成原子尺度 p-n 结，展现非常规的电学特性；在开发无机氧化物及其与钯（Pd）、铂（Pt）、钌（Ru）、铑（Rh）等贵金属粒子的催化载体复合体系等催化材料方面取得显著进展；较系统地开展了锂离子电池正极材料、纳米复合负极材料等基础研究工作；在染料敏化纳米晶二氧化钛（TiO$_2$）太阳能电池方面取得实质进展，染料敏化纳米薄膜太阳电池（DSCs）的最高转换效率已达 11.04%；在无机-有机杂化新材料的创造、杂化材料结构与性能的调控以及兼具靶向性和环境（pH、氧化还原性）反应特异性的无机生物材料等方面取得令人鼓舞的进展。

经过几代人的共同努力，我国配位化学研究水平大为提高，一些方向逐渐步入国际先进行列。特别在下列四个方面取得了重要进展。

1）在新型配合物（如簇合物、微孔和手性配位聚合物、有机金属化合物等）组装、合成方法及其结构研究中开展了大量工作，产生了重要影响，丰富了配合物的内涵。尤其是在配位聚合物晶体工程方面，根据 Web of Science 统计，我国近 20 年来发表相关研究论文占国际首位。研究了一些新的原位反应，在微孔配位聚合物、动态配位聚合物的合成与晶体工程研究中也取得了重要进展。

2）在功能配合物领域，特别是在对于具有光、电、磁物理性能的配合物的设计、合成、结构与性能关系的研究中，开展了较为系统的工作，具有一定的特色。在分子磁体、固体发光、分子导电、非线性光学及铁电等功能配位化合物及其组装研究中，取得了一系列重要成果。

3）在配合物分子功能材料与器件方面也进行了一些探索性研究，包括设计合成了高发光效率的稀土配合物和铱发光材料，创制了一系列具有离子识别功能的荧光传感器，阐明了其发光机理；研制了转化效率较高的染料敏化固态太阳能电池等。

4）溶液、表/界面和动态结构的谱学研究及其分析方法等方面水平大为提高，在溶液中离子萃取分离和均相催化等应用方面也取得了一些显著成果。

在过去 10 多年中，我国生物无机工作者率先开展了细胞层次的无机化学研究，在稀土生物效应、无机物与生物大分子的相互作用、金属酶模拟、生物矿化、金属药物和金属蛋白组学等方面取得了一些有特色和国际影响的成果。

1）阐明了稀土农用相关的一些关键问题的机制，发现了稀土配合物调节 B-Z DNA 可逆转化的独特性质。

2）在调节核酸结构和功能的无机化合物的研究中成果丰硕，其中碳纳米管与 DNA 作用研究被评为 2006 年优秀百篇基因治疗论文。

3）通过主客体化学等新方法，制备了一些结构新颖、性能优异的金属酶模拟物。

4）与医学、生物、物理和电子学深入交叉，从分子和超分子水平上认识生物矿化的机制，成功制备了一些生物启发的无机功能材料，对尿石症的研究成果指导了相关临床医学应用。

5）合成了一些新型的铂族和非铂族抗癌药物，建立了抗糖尿病钒化合物类药结构-性质构效关系。

6）发现了细胞中一些新的金属蛋白和人类新硒蛋白。

我国是世界上稀土、钨、锑、钼、钒、镁和锂等矿产资源极其丰富的国家，其中稀土资源储量占世界总工业储量的 50% 以上，钨、锑、钼的储量居世界首位，锂、镁等盐湖资源储量也十分巨大。但是我国稀土资源的深度开发和利用一直进展缓慢，作为稀土出口生产大国，很大部分都用于低附加值的出口。近年来，随着对稀土化学基础研究的逐渐深入，我国在高性能稀土镁合金、稀土发光材料和稀土的配位化学等方面的研究取得了可喜的进展。在稀土分离方面，产生了"串级萃取理论"等具有国际影响、引领我国稀土产业从资源大国向生产、应用大国跨域的成果，更加注重稀土萃取分离的"绿色化"和自动控制化。

近 10 年来，我国的多酸化学研究出现了生机盎然的新局面，国内有越来越多的单位加入了多酸化学的研究行列。但是，就目前的总体情况看，我国在多酸化学方面的研究水平与国际领先水平相比较还有一定的差距。虽然近年来我国在国际上发表的多酸化学方面的研究论文的数量快速增长，但是具有原创性、系统性和重要影响的成果还较少，大部分发表的研究工作都属于跟踪性研究，这也反映出我国多酸化学科研队伍的创新意识亟待加强。在盐湖资源开发与应用基础研究方面，应该将盐湖镁、锂资源与我国其他丰产资源联合开发利用，采用绿色、环保的新技术和新工艺制备高端镁、锂精细产品，从而实现资源利用与环境的可持续发展。

国家自然科学基金委员会以重大项目、重点项目、面上项目，以及国家杰出青年科学基金项目（简称杰出青年项目）、创新研究群体项目等形式对无机化学学科进行资助。同时科学技术部通过 973 计划等对无机化学学科进行了一些资助。到（含）2008 年立项 491 项，以化学学科为首席的项目有 491 项，首席科学家 32 人（含第二首席 4 人），其中属于无机化学学科的有 8 人（10 人次）。一些有实力的科研单位、学校及发达地区和城市也有相应的项目及人才启动资金资助。

目前在我国 27 个化学化工国家重点实验室中，有 4 个为无机化学学科的国家重点实验室。

我国无机化学研究队伍的规模有了快速的增长。目前，我国共有 5 个高校拥有无机化学二级国家重点学科。从国家自然科学基金委员会 2000～2008 年无机化学学科资助项目的承担情况来看，共有 205 个承担单位。按照承担单位的性质划分，在 205 个承担单位中共有 174 所大学（学院），共承担项目 1300 项，占总数的 86.3%；研究所等其他单位 31 个，共承担项目 207 项，占总数的 13.7%。1994～2008 年，中国科学院化学部共有 274 人获得杰出青年项目资助，其中无机化学 48 人。自 2000 开始到 2009 年，国家自然科学基金委员会一共资助了中国科学院化学部 32 项创新群体项目，其中无机化学占 9 项。教育部通过"长江学者奖励计划"对无机化学学科和直接有关的学科（9 批，共 24 人）进行了人才启动资助。

二、有机化学

我国有机化学经过几代人的努力，特别是在过去 10 年中，得到了快速发展。无论是在有机化学领域本身还是在与相关领域的前沿交叉中，从研究成果、人才培养、团队和平台建设以及国际影响力等几个方面考量，都取得了长足的进步。一些研究领域，如金属有机化学、物理有机化学、不对称催化、有机合成化学和天然产物化学已经在国际上占有了一席之地，涌现出一批得到国际同行认可的、原创性的研究成果，在国际高水平学术刊物发表论文的数量和质量大幅增加和提高；有机化学与其他化学学科以及与生命、材料等领域的交叉更趋明显，有机化学学科前沿与国家战略需求的结合也更加密切；研究基地和平台建设得到明显加强；人才队伍的规模和质量大幅扩大和提高，研究团队和群体优势日趋明显，其中一些学者应邀担任国际著名化学刊物副主编、编委、顾问编委，以及重要有机化学国际学术会议主席、国际咨委，在重要有机化学国际学术会议作邀请报告和大会报告的有机化学家逐年增加。

近 10 年来，我国有机化学研究的整体水平有了很大的提高，产生了许多在国际上具有重要影响的成果，与先进国家有机化学研究的差距不断缩小，原创性的研究成果不断增加，研究论文不但在数量上增加很快，而且在影响力方面也在不断提高。单以有机化学领域的核心杂志 *Org. Lett.* 统计，我国每年发表的论文数量均大幅度增加。2000 年我国化学家在该杂志发表论文 27 篇，占世界发表论文总数的 2.40%，排名第八；而到 2009 年，我国化学家在该杂志发表论文 219 篇，占世界发表论文总数的 15.0%，排名第二，仅次于美国。我国在有机化学学科的多个研究领域中，已形成一定优势，并在国际化学界占有一席之地。

Organic Letters，The Journal of Organic Chemistry，Tetrahedron Letters/ Tetrahedron，Synlett 等杂志在中国设立了地区编辑部，我国一些学者还担任了国际著名杂志 *Accounts of Chemical Research，Chemical Society Review，Angewandte Chemie International Edition，Chemical Communications，The Journal of Organic Chemistry，European Journal of Organic Chemistry，Tetrahedron Letters，Tetrahedron，Synlett，Synthesis，Current Chemical Biology* 等的编委，主持召开了一些有机化学主流国际学术会议，如国际金属有机化学会议、国际杂原子化学会议、国际物理有机化学会议、国际有机氟化学会议、国际四面体化学会议等；一些学者还应邀担任了国际有机合成会议、导向有机合成的金属有机化学会议、国际金属有机化学会议、国际杂原子化学会议、国际物理有机化学会议、国际均相催化会议、国际有机氟化学会议、国际四面体化学会议、世界华人有机化学会议等重要有机化学国际学术会议的咨委。在国际有机化学舞台上，我国有机化学家的影响逐步扩大。

从总体上来看，在过去 10 年里，我国有机化学学科在有机合成方法学、复杂天然产物全合成、金属有机化学、物理有机化学、超分子化学、有机固体化学、有机氟和磷化学等领域具有优势，在国际上具有重要学术影响，相关研究成果在国际上占有一席之地，部分领域居国际先进行列。2000 年以来，有机化学学科共获得国家自然科学一、二等奖 12 项，占整个化学领域获奖总数的 29%，一些优秀年轻科学家获得如国际 OMCOS 奖、英国皇家学会国际有机氟化学奖、国际华人有机化学奖等国外奖项。

在有机合成方法学特别是手性催化研究方面，我国化学家发展了一系列在国际上有重要影响和特色的新反应、新型手性配体和催化剂，提出了一些手性催化的新概念与方法，开展了一些代表性的工作，如有机磷催化的转化方法，基于叶立德的高选择性合成方法，路易斯酸及质子酸催化的转化方法，基于螺环骨架、二茂铁骨架等的手性配体和催化剂，金鸡纳碱、手性氨基酸等衍生的有机小分子催化剂，组合不对称催化、手性催化剂自负载概念等。复杂天然产物分子的全合成是分子水平上科学与艺术的凝练，富有创造性、挑战性和艰巨性，被认为是一个国家有机合成化学水平和综合实力的重要标志，而我国化学家在国际竞争中，完成了一批具有重要生理活性复杂天然产物的首次全合成。例如，我国化学家在具有抗癌、抗炎、抗病毒和免疫等活性的生物碱、环酯肽、皂苷和萜类等天然产物的全合成方面，取得了一系列具有国际影响力的成果；在金属有机化学领域，完成了系列结构新颖、性能独特的金属有机化合物的合成与性质研究，发展了一批钯（Pd）、铜（Cu）、镍（Ni）、铁（Fe）、锆（Zr）、钛（Ti）、锂（Li）等催化或参与的具有反应类型、模式和机理等多样性的化学转化方法，这方面比较有代表性的工作有金属参与的联烯反应化学，钯催化的反应化学，铜催化的碳杂原子键形成反应，过渡金属催化的惰性化学键的活化及官能团化，有机锆、锌、锂等金属有机化合物的反应化学等；在物理有机化学研究领域，建立了当前国际上最完整、最可靠的反映取代基自旋离域能力的参数，并成功应用于多种自由基反应和波谱参数的相关分析，系统研究并揭示了有机分子的簇集与解簇集的现象与规律，实现了微环境下有机光化学反应的高选择性控制，揭示了 NO 生物信使分子生理作用的化学本质和规律；在超分子和分子聚集体化学领域，设计、合成了系列具有结构多样性和特色的新型超分子（大环）、超分子聚集体体系，揭示了其在分子识别、超分子组装等方面的规律，取得的一系列研究成果在国际上形成了特色；在有机固体化学领域，特别是在分子材料和器件，如有机电子给体和受体、有机纳米材料、分子探针、新概念分子器件、具有结构多样性的P或N型场效应晶体管材料的设计、合成与性能研究等方面，取得了一批有创新特色和国际公认的研究成果；在有机氟化学、有机磷化学等研究领域，特别是对20π非芳香体系的首次合成与结构表征，含氟分子砌块与反应化学，"负氟效应"的提出、调控和应用，有机磷对生命过程调控的研究等方面，取得了一系列有重要创新性的研究成果；在面向国家需求有机化学基础研究方面，包括在新药研究、新农药创制、新型聚烯烃催化剂开发、特种有机功能材料研发等方面，提供了重要科学基础和技术支撑。

目前，我国已经成为石油化工、精细化工的大国，乙烯等大宗化学品和合成药物、农药、染料等精细化学品的产量在国际上都名列前茅。随着我国提出建设创新型国家的目标，研究和开发具有自主知识产权的技术和产品将是国家今后的重要任务，这给有机化学带来了前所未有的发展机遇。同时相关学科，如材料科学、生命科学、环境科学的发展及能源和国防计划的实施对有机化学的发展提出了迫切的要求。

天然产物和传统医学不仅为有机化学研究提供化合物来源，还为有机化学的发展提供思想灵感。我国生物资源品种十分丰富，很多植物作为中草药用于临床，具有开展天然有机化学研究的独特优势。我国还具有丰富的稀土金属矿产资源，为发展稀土金属有机化学包括稀土金属试剂、稀土金属催化剂提供了有利条件。

在平台建设方面，有机化学学科得到进一步加强和提升，在目前我国的27个化学化工国家重点实验室中，有4个为有机学科的国家重点实验室。此外，还有1个国家实验室和1个国家工程中心的研究工作与有机化学密切相关，与有机化学学科相关的省、部和中国科学院重点实验室有20多个。

有机化学学科得到了包括国家自然科学基金委员会重大研究计划项目、重大项目、重点项目、面上项目以及杰出青年项目、创新研究群体项目等多种形式的资助。1987～2003年，国家自然科学基金共资助有机化学学科重大项目6项。1991～2008年，国家自然科学基金共资助有机化学学科重点项目 65 项（不包括子课题数目）。2000～2008 年，国家自然科学基金共资助有机化学学科项目 1576 项。申请和批准项目数呈逐年递增的趋势：其中，2003～2008 年，有机化学学科项目申请总数增长了 155.6％，批准数增长了 151.8％。同时科学技术部通过 973 计划等对有机化学进行了一些资助。到（含）2009 年，有机化学学科（包括超分子化学学科）共获 973 计划支持 7 项。

我国有机化学研究队伍的规模有了快速的发展。截至 2006 年年底，我国共有 11 个高校拥有有机化学二级国家重点学科、37 个有机化学博士学位授予点和 121 个有机化学硕士学位授予点（中国科学院是以研究生院作为一个单位统计）。从国家自然科学基金委员会 2000～2008 年有机化学学科资助项目的承担情况来看，共有 196 个承担单位。按照承担单位的性质划分，在 196 个承担单位中共有 159 所大学（学院），共承担项目 1189 项，占总数的 75.4％；研究所等其他单位 37 个，共承担项目 387 项，占总数的 24.6％。这些项目共由 1035 个课题组承担。1994～2008 年，有机化学学科得到杰出青年项目资助的个人共 49 人，来自全国 15 个单位。截止到"长江学者奖励计划"第九批获得者，其中有机化学学科或直接相关学科受聘"长江学者奖励计划"特聘教授、讲座教授的共有 22 人。2000～2008 年，有机化学学科共形成了"化学合成和化学生物学"、"金属催化的有机合成方法学研究"、"化学生物学导向的有机合成"、"功能有机分子的构筑和构效关系研究"、"有机合成化学与方法学"、"药物作用新靶标、新机制和新分子实体发现方法与应用"、"化学键活化与可控重组研究"等 7 个创新群体。这样一批较强的有机化学研究队伍和创新群体的形成，大大促进了我国有机化学学科优势研究领域快速跻身世界先进水平之列。

三、物理化学

物理化学是在物理和化学两大学科基础上发展起来的。物理化学研究领域极为广泛，其学术期刊目前已超过 120 种，其中最为重要的学术期刊，应该首推美国化学会主办的 *Journal of Physical Chemistry*（JPC）A/B/C/Letter 和美国物理研究院主办的 *Journal of Chemical Physics*（JGP）。根据 ESI（Essential Science Indicators）对 1999 年 1 月 1 日至 2009 年 6 月 30 日所有论文发表数和引用数的统计结果，在此期间，JPC A/B/C 共发表论文 44 724 篇，被引用 586 924 次，在 5828 种 ESI 期刊中排名第十（化学类期刊中 JACS 排名第六，接下来就是第十的 JPC 系列）；*Journal of Chemical Physics* 在十年中发表论文 25 071 篇，被引用 376 662 次，在所有期刊中排名第二十名。而在化学类期刊中除了 JACS 和 *Angew. Chem. Int. Ed.* 以外，位列 3～5 名的是 JPC 系列、JCP 和 *Langmuir*。与物理化学前沿研究相关的期刊，实际上还包括物理学、生物化学、生物物理学以及材料等学科的重要期刊。因此从期刊种类和研究论文的总数以及影响来看，物理化学学科的研究内容的确是所有自然科学学科中最为广泛的，影响也最为广泛，目前处于快速发展的时期。

我国物理化学发展迅速，1998～2009 年，我国学者在 JPC A/B/C、JCP、*J. Comput. Chem.*、*Surf. Sci.* 和 *Langmuir* 五种期刊上，发表论文共计 7266 篇，表现出持续稳步增长态势，论文数量由 1998～2000 年的 403 篇（占世界总数的 1.66%）增加到 2006～2008 年的 3564 篇（占世界总数的 10.21%）。其中，2003～2008 年是中国论文数量的快速增长期，由 338 篇上升到 1551 篇。表 3-2 为 2006～2009 年中国内地学者在 JPC 和 JCP 发表论文数量的统计比较。

表 3-2　2006～2009 年中国内地学者在 JPC 和 JCP 发表论文数量的统计比较

年份	JPC A/B/C		JCP	
	论文总数/篇	中国内地学者论文数量/篇（所占比例）	论文总数/篇	中国内地学者论文数量/篇（所占比例）
2006	5184	642（12.4%）	2789	194（7%）
2007	6156	871（14.1%）	2595	175（6.7%）
2008	6642	1143（17.2%）	2800	255（9.1%）
2009	7181	1260（17.5%）	2535	214（8.4%）

资料来源：根据 Web of Science 统计分析得出。

近年来，我国科学家在《自然》（*Nature*）、《科学》（*Science*）

上发表了一系列有重要影响的化学论文，而这些几乎都集中在物理化学领域。例如，2009 年 4 月 9 日出版的 *Nature* 上刊登了中国科学院大连化学物理研究所科学家在纳米催化形貌效应方面的重要研究进展，科学家们通过对金属氧化物纳米粒子尺寸和形貌的调控，突破了水汽存在下非贵金属低温一氧化碳催化氧化的难题。2008 年 10 月 24 日出版的 *Science* 上刊登了中国科学院大连化学物理研究所学者与合作者在氯与氢气（$Cl + H_2$）反应的非绝热动力学研究方面取得的重要进展，解决了一个长期以来极具争议性的氯与氢气反应中激发态和基态相对反应性的问题，这一成果的取得在非绝热过程动力学研究中具有重要的学术意义。我国科学家还于 2006 年在 *Science* 上发布了 $F + H_2 \longrightarrow HF + H$ 反应的共振这一动力学研究领域的重要进展，引起学术界的广泛关注。厦门大学化学化工学院、固体表面物理化学国家重点实验室研究人员与美国佐治亚理工学院合作，发展了一种控制纳米晶体表面结构和生长的电化学方法，从而突破了化学法通常只能合成低表面能晶面结构纳米晶体的局限，高产率制备出具有高表面能的二十四面体铂纳米晶粒催化剂，显著提高了铂纳米催化剂的活性和稳定性。2005 年 9 月 2 日 *Science* 报道了中国科学技术大学微尺度物质科学国家实验室的研究人员利用低温超高真空扫描隧道显微镜，巧妙地对吸附于金属表面的钴酞菁分子（CoPc）进行"单分子手术"，成功地实现了单分子自旋态控制的重大研究进展，在国际上首次实现了单个分子内部的化学反应，并利用局域的化学反应来改变和控制分子的物理性质，使分子具有某种重要的物理效应，为单分子功能器件的制备提供了一个极为重要的新方法。2010 年 3 月 18 日出版的 *Nature* 发表了厦门大学在壳层隔绝纳米粒子增强拉曼光谱方法方面的重要研究进展。中国科学院大连化学物理研究所研究人员首次观察到化学反应中的分波共振现象，图像达到了光谱精度，研究成果发表在 *Science* 上。2009 年 11 月 27 日 *Science* 上刊登了中国科学院化学研究所在苯酚加氢制环己酮方面取得的重大进展，研究人员通过调控路易斯酸和普通商业负载型钯催化剂的协同作用，在温和条件下，实现了苯酚转化率和环己酮选择性可同时接近 100％的钯-路易斯酸体系高效催化苯酚合成环己酮。该反应在超临界二氧化碳中，通过体系相行为的调控，使得反应速率更快、反应过程更清洁、产物分离更简单。*Science* 2010 年还报道我国催化基础理论研究的又一重要成果，即借助贵金属表面与单层氧化亚铁薄膜中铁原子的强相互作用所产生的界面限域效应，结合表面科学实验和密度泛函理论计算的研究结果，成功地构建了表面配位不饱和亚铁结构（coordinatively unsaturated ferrous，CUF），这种界面限域的 CUF 中心与金属载体协同作用，在分子氧的低温活化过程显示出非常独特的催化活性。

近年来，我国物理化学工作者在国际期刊和国际学术组织任职人数已经达到 70 多人次。JPC A/B/C 在中国科学院大连化学物理研究所设立编辑室，并由我国学者担任高级编辑（senior editor），*Langmuir* 在清华大学设立编辑室，并由我国学者担任高级编辑。清华大学教授当选为国际量子分子科学院院士，北京大学教授由于在新一代相对论电子结构理论的贡献，获得德国洪堡基金会 2008 年度贝塞尔研究奖和国际量子分子科学院 2006 年度奖。这些均反映了中国学者在国际物理化学研究领域的舞台上逐步活跃起来。

总体来说，国内理论化学、结构化学、分子动态学方面的工作得到了国际同行的重视，多次获得国际奖项，中青年人才辈出，是物理化学中具有竞争力的研究方向。催化化学是物理化学中最活跃的分支之一，近年来国内基础研究工作在国际上的影响和地位逐步提升。电化学和胶体与界面化学的研究注重与材料科学和生命科学的交叉，有些研究方向已经形成自己的特色。化学热力学（热化学、溶液化学）向生命和材料科学渗透，研究方向有所拓宽，与微观研究手段相结合正在成为新的发展趋势，运用物理化学的理论和实验方法揭示生命科学中的重要问题已成为新的生长点。需要指出的是，动态过程、新的谱学方法与溶液结构方面受到的关注不够。

进入 21 世纪以来，随着学科交叉、渗透与融合不断深入，越来越多的新现象需要物理化学去解释和总结规律。人们更加注重从电子-原子-分子水平上探究物质的变化及其动力学信息，这不仅是物质循环领域，而且是信息通信、生命科学、纳米科技、材料科学等科学技术领域研究的精髓，同时又成为各领域研究的驱动力。物理化学为化学提供核心方法、研究手段和理论基础。当前，材料物理化学及生物物理化学等领域中许多令人兴奋的研究方向显示了物理化学不仅在化学，而且还在生命、材料、能源和环境等重大科学领域中发挥着越来越不可替代的作用。

随着人们科学知识的不断积累、科学认识的日益深化和现代科学技术（如新谱学方法、分子束和激光技术、巨型计算机和先进计算方法等）的应用，物理化学的理论与实验研究均进入一个崭新的发展阶段。光谱学、界面化学和理论化学的研究仍是物理化学的核心研究内容，构成物理化学的主要框架，也是人们从电子-原子-分子水平研究物质的变化及其动力学的有效方法、手段和坚实的理论基础。计算化学已经逐渐成为物理化学的一根支柱。现代物理化学发展的明显趋势和特点是从宏观到微观、从体相到表面、从静态到动态、从平衡态到非平衡态等。目前物理化学已在一定程度上能指导实践，并在实践中不断得到丰富和发展。

目前，我国共有 8 个高校拥有物理化学二级国家重点学科。从国家自然科学基金委员会 2000～2008 年物理化学学科资助项目的承担情况来看，共有 9 个物理化学学科国家自然科学基金委员会创新研究群体，183 个单位承担国家自然科学基金。按承担单位的性质划分，在 183 个承担单位中共有 138 所大学（学院），共承担 1347 个项目，占总数的 72.5％。值得一提的是"十一五"期间，物理化学学科共资助重点项目 48 个，经费近 1 亿元，有力地推动了我国物理化学学科相关领域向国际前沿方向迈进。

四、高分子科学

我国高分子科学研究的整体水平处于快速上升时期，与先进国家高分子研究的差距在不断缩小，具有原创性和较高影响力的工作在逐渐增多，在国际上具有一定影响力的科学家也在不断增加。研究论文不仅在数量上逐年增加，而且在质量和影响力方面上也有很大的提高，在高分子领域最有影响力的期刊 *Macromolecules* 上发表文章的篇数排名已经连续两年（2008～2009 年）居于第三位。另外，在高分子科学其他国际核心期刊，如，*J. of Polym. Sci. Part A：Polym. Chem.*，*Macromol. Rapid Commun.*，*Polymer* 等，发表论文数量和所占比重都在大幅增加（表 3-3）。

表 3-3　国内高分子科学家在高分子科学国际核心期刊发表论文统计表

项目		年份									
		2000	2001	2002	2003	2004	2005	2006	2007	2008	2009
Macromolecules	发表论文总数/篇	1467	1304	1381	1401	1267	1591	1248	1286	1429	1356
	中国发表论文数/篇	46	44	60	81	91	126	122	140	177	177
	中国发表论文所占比重/%	3.1	3.4	4.3	5.8	7.2	7.9	9.8	10.9	12.4	13.1
	中国排名	8	10	9	5	4	4	4	4	3	3
J. of Polym. Sci. Part A：Polym. Chem.	发表论文总数/篇	540	468	447	422	578	640	655	513	827	667
	中国发表论文数/篇	37	46	45	50	75	107	128	123	195	145
	中国发表论文所占比重/%	6.9	9.8	10.1	11.8	13.0	16.7	19.5	24.0	23.6	21.7
	中国排名	3	3	3	3	3	3	1	1	1	1
Macromol. Rapid Commun.	发表论文总数/篇	190	241	156	154	280	311	297	294	282	266
	中国发表论文数/篇	22	44	26	14	47	77	94	75	74	63
	中国发表论文所占比例/%	11.6	18.3	16.7	9.1	16.8	24.8	31.6	25.5	26.2	23.7
	中国排名	3	2	2	4	2	1	1	1	1	2
Polymer	发表论文总数/篇	1087	1028	733	954	894	1394	1044	816	725	705
	中国发表论文数/篇	65	99	74	103	142	227	246	227	193	224
	中国发表论文所占比例/%	6.0	9.6	10.1	10.8	15.9	16.3	23.6	27.8	26.6	31.8
	中国排名	8	3	3	3	2	2	2	1	1	1

资料来源：根据 Web of Science 的资料分析得出。

国内高分子科学家在高分子科学国际核心期刊，如 *Progress in Polymer Science*，*Macromolecules*，*Polymer* 等和国际组织的任职数量明显增加。根据 Web of Science 统计，2004～2009 年国内高分子化学家在化学领域的国际顶级期刊 *Accounts of Chemical Research*、*Journal of the American Chemical Society*、*Angewandte Chemie International Edition* 上发表的论文发表数量分别为 4 篇、71 篇和 48 篇，与 1998～2003 年的统计相比有大幅增加。

近年来，围绕高分子化学、高分子物理和高分子加工 3 个领域方向的获国家奖数量也呈现明显增加趋势。例如，自 2000 年以来，3 个领域方向共获得国家自然科学奖二等奖 7 项，国家技术发明奖二等奖 13 项。但是，我们从一个高分子研究大国到强国尚任重道远，这主要反映在：缺乏在国际上引领学科发展的标志性成果；高分子基础研究与高分子产业联系尚不够紧密；高分子学科与其他学科的交叉有待进一步加强。

我国在高分子科学的基础研究和高分子材料的应用研究方面，取得了一批具有标志性和国际影响力的创新成果。

1）在高分子可控合成与高性能化方面取得了具有国际先进水平的基础与应用研究成果。例如，围绕结构和组分可控聚合，发展了非茂钛烯烃活性聚合催化剂、乙烯/极性单体共聚合催化剂、高温条件可实现高顺式含量的异戊二烯催化剂；通过调控聚烯烃的等规序列和分子量分布，解决了高速双向拉伸聚丙烯专用料依赖国外进口的重大问题，并在中国石油化工集团公司五家公司全面推广；采用聚烯烃热塑性弹性体替代传统聚氯乙烯（PVC)，并应用到一次性医疗输注器械，产生了重大经济效益。

2）在高分子组装与超分子聚合物方面，围绕超分子体系的反应性、层状超分子构筑、界面超分子组装、聚合物自组装体系、纳米超分子材料等方面取得了令国际学术界瞩目的成果。

3）在发光高分子方面，围绕醇溶性共轭高分子电子传输材料、聚集诱导发光 AIE 效应、单一高分子白光体系、磷光分子体系、理论方法等方面开展了具有创新性的研究工作。在高迁移率有机高分子方面，围绕高迁移率有机半导体和共轭齐聚物的设计与合成两方面开展了具有系统性的研究工作。在光伏高分子研究方面代表性的工作是宽光谱、强吸收的窄带隙共轭高分子和平面结构共轭高分子的设计与合成。代表性的成果如下：发明了醇溶性共轭高分子电子传输材料，带动了全印刷工艺高分子发光器件的发展；提出了"通过部分能量转移和电荷限制实现单一高分子发射白光"的学术思想，成为实现高分子白光发射的两大途径之一，为发展白光高分子材料体系开辟出新方向；揭示了同型异质结和异型异质结的本质区别，建立了有机半导体异质结的新理论；提出了平面型共轭聚合物可以提高聚合物在薄膜中有序排列的设想，获得了能量转化效率 6% 的太阳能电池材料。

4）在生态环境高分子方面取得了具有标志性的研究成果，开创了我国生态环境高分子材料的重要方向。例如，建成了我国第一条、世界第二条年产 5000 吨生物可降解聚乳酸树脂工业示范线，实现批量生产，并成功打入国际市场；突破二氧化碳基聚合物的分子量、热稳定性、力学性能等关键技术，建成了世界上最大的 3000 吨二氧化碳塑料示范线，实现了二氧化碳塑料工业化生产从无到有的跨越。

5）在高分子物理方面，在高分子凝聚态、亚稳态、多尺度连贯等领域开展了具有国际影响力的特色研究工作。例如，通过对单链凝聚过程、非晶态中的分子链凝聚特征、分子链有序凝聚过程的动态实时研究等，在分子水平上揭示了高分子分子链凝聚的物理过程及其规律，形成了高分子凝聚态的新概念；围绕链状高分子在稀溶液中的折叠与组装行为，在实验上实现了均聚高分子单链从"无规线团"卷缩为"单链小球"的构象转变，成为高分子科学中的一个"地标"，并由此发现此过程中的一种全新高分子构象——"融化球"；在高分子软有序化研究中，提出了熵驱动力、动力学诱导、物理和化学环境受限控制对高分子有序化的影响等新观点，建立了原位跟踪聚合物结晶凝聚过程的表征方法；在高分子结构流变学方面，特别是在高分子共混/复合体系流变学、高分子链动力学等方面开展了具有特色的研究工作。

6）在高分子理论与模拟方面，围绕高分子凝聚态物理中的理论问题开展了一系列有国际影响的工作。例如，发展了自洽场快速傅里叶算法，并成功应用在嵌段聚合物子组装相结构预测方面；采用自洽场、Monte Carlo 和 DPD 等方法预测嵌段聚合物在本体、受限状态、溶液及在不同外场调控下的自组装形貌，从理论上给出高分子组装机理，为高分子纳米结构材料设计提供可靠的理论依据；发展了不同尺度下的理论模拟方法，并成功用于不同外场下高分子凝聚态结构的预测。

7）在高分子加工方面，针对我国汽车和家用电器工业的快速发展现状，在通用高分子材料如聚丙烯复合材料的加工方面取得一定的成就，在低密度聚乙烯和线性低密度聚乙烯薄膜加工方面的研究为工业界提供了可信的理论依据；先进高分子材料的研究开发取得长足进步，如高性能酚醛树脂空心微球的加工制备技术取得突破，聚酰亚胺薄膜和发泡材料研制成功，超高分子量聚乙烯纤维冻胶纺丝技术实现产业化，间位芳纶和对位芳纶纤维纺丝技术取得突破，为国防、电子信息业、高速交通、航空航天等领域提供了可靠的材料保障；生物降解高分子材料的加工改性研究在某些品种取得成功，在包装材料、生物医用等领域得到初步应用；天然高分子如纤维素的离子液体溶解再纺丝技术取得中试技术突破，有望发展出取代传统黏胶纤维纺丝工艺的新技术。

2000～2009 年，国家自然科学基金委员会共资助高分子学科项目 1223 项，每年的资助率为 20％～28％，资助项目数由 2000 年的 60 项增加到 2009 年的 210 项，增长速度不低于其他学科。面上项目的批准数由 2000 年的 42 项增长到 2009 年的 130 项；申请数也由 2000 年的 207 项增加到 2009 年的 555 项。青年科学基金项目（简称青年项目）的增长幅度更大，2009 年高分子学科资助 66 项，是 2000 年的 11 项的 6 倍。另外，资助高分子科学与高分子材料相关的重大基金项目 3 项。例如，"聚合物凝聚态的多尺度连贯研究"、"非理想高分子链的凝聚态结构及其转变"、"高分子材料反应加工过程的化学与物理问题研究"等。

我国在高分子科学与高分子材料的基础研究与应用基础研究领域，现有国家重点实验室 4 个；教育部与中国科学院重点实验室 9 个。其研究领域和研究方向几乎涵盖了高分子科学与高分子技术的各个方面，既包括通用高分子——橡胶、塑料、纤维和复合材料，又包括高分子科学的前瞻领域——生物医用高分子、功能高分子、超分子聚合物体系，成为我国高分子研究的重要科研平台。到目前为止，从事高分子科学研究的队伍为 1 万～1.5 万人。在高分子化学、高分子物理和高分子加工三个领域，1994～2009 年共有 34 人在化学科学部高分子学科获得杰出青年项目资助，三个高分子方向的创新群体获得了资助，在化学科学部较其他学科偏少。

五、分析化学

近年来我国分析化学在国家自然科学基金委员会和有关部门的大力支持下，在光谱、电分析化学、色谱和微-纳流控、质谱、核磁共振、化学计量学、生命分析、环境分析等领域取得一批有影响的研究成果。2002 年以来，中国学者在 *Analytical Chemistry* 上发表论文的篇数逐年稳步增长：2002 年 1 月至 2009 年 9 月，*Analytical Chemistry* 杂志一共发表论文 9204 篇，其中中国内地学者发表 542 篇，列世界第四位；2006～2008 年来中国内地发表论文的数量已上升到第二位，2007 年 1 月至 2009 年 9 月，发表论文的数量占该刊物发表论文总数的 8％；而 2009 年 *Analytical Chemistry* 共发表研究论文 1331 篇，中国内地发表论文的数量为 143 篇，由 2008 年的 9.25％上升到 10.74％。另外，中国内地学者在分析化学国际期刊（如 *Trend. Anal. Chem.*，*Analyst*，*Talanta*，*Anal. Chim. Acta*，*Electrophesis* 等）任编委和顾问编委的人数较以前也有大幅度的增加。虽然我国在人均论文数量和论文的引用率方面与美国相比仍然存在很大的差距，但是不可否认的是，经过多年的发展，我国分析化学已经取得了长足的进步，并正在缩短与美国的距离。

我国光谱分析历史悠久，20 世纪末高科技的飞速发展极大地推动了该领域研究的发展，特别是超强光源如激光光源的出现、超高分辨率分光器的发展、高灵敏度检测器件的应用以及光导纤维技术、等离子体技术和纳米技术的发展，为光谱分析的发展提供了重要的技术支撑。此外，光谱技术与各种分离、分析技术的联用，产生了很多新的研究领域和新的交叉点。迄今为止，无论是原子光谱还是分子光谱，光谱分析已在生物大分子超高灵敏度分析、实时与动态检测、表面与微区分析以及高通量分析等方面发挥了重要的作用。电化学分析是一个跨学科的典范（分析化学与物理化学）。我国电分析化学研究、队伍组成和国际交流与其他分析化学分支领域相比，一直是与国际最接轨、最整齐、最广泛的。近年来，我国学者通过利用各种电化学技术，结合纳米材料和技术，以及其他分析测试技术，在生命过程各种信号的提取，各种分子（生物活性分子、环境污染分子等）的动态、实时、时间与空间分辨的监控与检测，以及生物分子相互作用、分子识别、信号转导等一些基本规律的认识和探讨等方面均取得了颇有意义的研究成果。在色谱和毛细管电泳方法研究方面，在开展色谱和手性分离理论与技术等研究的同时，已经成功地开展了包括亚微米填料、纳米材料的应用以及整体柱技术的研究；开发了多维分离技术和针对复杂样品的新型前处理技术与分析方法，并用于蛋白质组学等研究。在质谱和核磁共振及相关研究中，我国学者已经在仪器的升级和研发以及分析方法的拓展等方面开展了系统而深入的研究，并取得了非常重要的成果。例如，我国分析化学家建立了多维色谱与质谱联用技术及电驱动微分离分析技术，发展出多种聚合物、无机硅胶整体固定相的制备方法，为生命科学研究提供了优良的技术平台。与此同时，随着相关学科的发展，我国分析化学在化学计量学、生命分析和环境分析等领域的研究方面也取得了显著的进展，并逐渐在国际上形成鲜明的研究特色。例如，由于化学计量学的发展，在对复杂多组分体系的分析（如中药色谱指纹分析、代谢组学的复杂体系分析、复杂环境样品的分析、复杂体系的近红外快速无损分析、过程在线分析）方面，我国学者做出了突出贡献，形成了一个有特色的分析化学分支学科。

与新学科的交叉融合形成了分析化学多个新的增长点。例如，新材料科学与分子工程技术正不断引发分析化学的跨越式发展。我国分析化学工作者突破了单纯的物质定性、定量与结构分析这些传统任务的束缚，开始根据分析目标的要求进行纳米材料的设计、制备与功能化，形成了纳米尺度上生化分析等新的学术生长点，为实现在细胞、亚细胞与分子水平上研究分子之间的相互作用机理，尤其是生命过程中的化学行为，建立了许多崭新而有效的分析新工具。我国分析化学工作者在核酸分子探针的设计与构建等方面开展了大量的基础研究，发展了一系列新型的分子信标和核酸适体探针技术，可以用于活体、实时、原位检测细胞内基因的表达和突变，DNA 甲基化及活细胞内信使 RNA（mRNA）等，并在细胞外和活细胞内不同转移能力肿瘤细胞的基因表达差异、肿瘤细胞在药物刺激前后相关基因的表达差异与相互关联、核酸与蛋白质相互作用、肿瘤转移相关基因表达水平的活体实时检测等方面呈现出巨大的应用潜力，为进一步了解肿瘤侵袭、转移相关基因和筛选合适的治疗药物提供了新的技术平台，推动了分子工程技术向生物医学领域的拓展。

改革开放以来，随着国家经济的快速发展，我国分析化学队伍也在快速壮大。目前我国分析化学研究队伍约 3000 人，主要分布在中国科学院和高等院校，开展分析化学研究的单位约 400 个。分析化学学科现有国家实验室 1 个（中国科学院化学研究所和北京大学化学学院共同筹建）；国家重点实验室 2 个（湖南大学、中国科学院长春应用化学研究所）；国家创新研究群体 4 个（南京大学、武汉大学、中国科学院武汉物理与数学研究所、中国科学院大连化学物理研究所）；国家重点学科 8 个（北京大学、南京大学、武汉大学、湖南大学、厦门大学、清华大学、复旦大学、南开大学）；教育部重点实验室 5 个（南京大学、武汉大学、西南大学、青岛科技大学、河北大学）；中国科学院重点实验室 2 个（中国科学院化学研究所、中国科学院大连化学物理研究所）；省部共建重点实验室 5 个（福州大学、湖南师范大学、山东师范大学、陕西师范大学、安徽师范大学）；现有杰出青年项目获得者 36 人、教育部长江学者 5 人，全国在校分析化学专业博士研究生约 1300 人。

近年来，国家对分析化学的资助保持了一个可喜的快速增长态势。2005～2009 年，国家自然科学基金中分析化学项目申请总数分别为 514 份、656 份、756 份、863 份和 1031 份，来自全国 279 个单位，资助项目总数分别为 117 项、144 项、163 项、201 项和 224 项，分布于 126 个单位。通过这些项目的支持，分析化学无论是在研究队伍方面还是在基础研究方面都得到了飞速的发展，这在以上人才队伍及下面重要成果介绍里都有具体体现。除了国家自然科学基金委员会通过重大项目、重点项目、面上项目、青年项目、地区项目以及杰出青年项目、创新研究群体项目、重大国际合作项目等形式对分析化学进行资助外，近 5 年根据国家需求与经济建设的需要，科学技术部对分析化学学科的资助也有了很大的提升，尤其是对分析测试新方法、新技术、创新仪器与装置等方面进行了重点支持与资助，仅 973 计划和国家重点基础研究发展计划就获得 7 个项目的资助，这大大促进了分析化学学科基础与应用研究的发展。

六、化工

我国化工学科整体研究水平已步入世界前列。近 10 年来，我国学者在 *AIChE J. Chem. Eng. Sci.* 和 *Chemical Engineering Journal* 等国际化工主流刊物上发表论文数量呈逐年较大幅度增加趋势，特别是 2006 年以来，增长尤为迅速。在 SCI 收录的与化工领域相关的论文中，我国研究者被收录的论文数目稳居前三名，并于 2006 年在被收录数量和比例上首次超过美国，跃居世界第一位。在工程索引（EI）收录的与化工领域相关的文献中，我国研究者被收录的文献也于 2008 年在被收录数量和比例上超过了美国，跃居世界第一位。这些数据表明我国化工领域科研水平逐年提高，并受到了世界越来越多的关注，占据越来越重要的地位。另外，在国际化工重要学术机构与学术刊物中任职的人数也不断增加，许多青年学者在国际化工学术舞台上崭露头角。

我国化工学科基础研究触及国际化工学科的每一个前沿领域，

包括反应与分离工程、化工过程中的表/界面科学与工程、计算化学工程、化工过程放大的科学基础、化学产品工程、多尺度复杂化工过程、非常规化工过程的科学基础、生物与食品化工、能源化工、材料化工、资源与环境化工、过程系统工程与化工过程安全等12个领域。在继续提高传统化工科学领域研究水平的同时，不断拓展、深化与其他学科领域的交叉融合，加快转型并赋予新的科学内涵和使命。例如，在 *Chemical Engineering Journal* 上，2000～2009年，在微尺度、多尺度、能源、模拟计算和药物化工等方面，我国内地学者所发表的论文总数所占比重都在15％以上，高者可达27％（表3-4）。这充分表明在化工各个分支和前沿领域的研究中，我国的成就和地位都不容忽视，同时也体现了我国对化工学科发展的高度重视。部分高水平的研究成果得到国际学术界的广泛关注。例如，中国科学院化学研究所研究人员发现了路易斯酸和普通商业负载型钯催化剂对于催化苯酚加氢制备环己酮反应具有良好的协同作用，在温和条件下苯酚转化率和环己酮选择性可同时接近100％；进一步研究发现，在超临界二氧化碳中进行该反应，不仅反应速率更快、反应过程更清洁、产物分离更简单，而且反应效率可以通过反应体系的相行为进行调控，这一成果开辟了高效、清洁制备环己酮的新途径。

表 3-4　我国内地与世界在 *Chemical Engineering Journal*
上发表论文数的比较（2000～2009 年）

类型	微尺度	多尺度	能源	模拟计算	药物化工
世界论文数/篇	686	624	351	1183	95
我国内地论文数/篇	170	119	97	217	17
我国内地论文数所占比重/％	24.78	19.07	27.64	18.34	17.89

资料来源：根据 Web of Science 的资料分析得出。

化工学科创新成果为推动我国国民经济和社会发展做出了巨大贡献。我国化工学科在重视和强化基础前沿研究的同时，还注重以国家化工产业重大需求为导向的应用型研究，着力开展精细化工新产品和新材料的创制与应用、新过程工艺的开发、大型装备的实现、矿藏资源的高效利用、新能源的开发及日渐成为国际主流的低碳经济的技术创新。在重大基础化学品生产技术的引进、消化吸收、再创新，传统化工产业的结构调整与产品升级换代，化学工业的产业技术提升，解决"高能耗、高物耗和高污染"等突出问题，面向高新技术产业的特种与专用化学品的创制等方面，都做出了巨大贡献，打破了一些发达国家的技术垄断，提升了我国化工产业国际竞争力。在国家近10年公布的国家科学技术奖励项目中，许多化工项目获奖表明，我国化工领域自主创新已成为国家技术创新体系中的重要组成部分（表3-5）。例如，中国石油化工科学研究院的研究人员通过主持国家自然科学基金重大项目"环境友好石油化工催化化学与化学反应工程"等项目所产生的"非晶态合金催化剂和磁稳定床反应工艺的创新与集成"等成果在国际上首次得到工业应用，荣获2005年度国家技术发明奖一等奖和2007年度国家最高科学技术奖，为我国的石油化工事业发展做出了突出的贡献。我国化工学科及化工科技工作者与企业的紧密联系与合作，已深受国际化工学术界和企业界的关注。例如，"年产20万吨大规模MDI生产技术开发及产业化"荣获2007年国家科技进步奖一等奖。该项目的成功开发，打破了国外对MDI技术长达40年的封锁，使我国成为继德国、美国之后第三个拥有大规模MDI技术的国家，不仅推动了全球MDI产业的技术进步，还扭转了我国MDI长期依赖进口的局面，拉动了下游产业，带动了我国聚氨酯工业及相关行业的发展。

表 3-5　化工领域获得国家重大奖项/总奖项统计表　　（单位：项）

项目		2009 年	2008 年	2007 年	2006 年	2005 年	2004 年	2003 年	2002 年	2001 年
国家自然科学奖	一等奖	0/1	0	0	0/2	0	0	0/1	1/1	0
	二等奖	4/27	6/24	9/39	1/27	6/38	5/28	1/17	1/23	1/18
国家技术发明奖	一等奖	0/2	0/2	0	0/1	1/1	1/1	0	0	0
	二等奖	14/37	11/35	12/39	15/41	10/33	8/19	7/14	8/18	6/12
国家科技进步奖	一等奖	1/8	1/12	3/10	1/11	0/10	0/10	0/8	2/8	2/11
	二等奖	14/214	10/169	11/182	21/173	6/165	10/175	17/146	11/148	6/126

　　化工学科的快速发展得益于国家的资金资助。1999～2009年，国家自然科学基金共资助化工学科项目1891项（表3-6）。申请和批准项目数呈逐年递增的趋势：其中，1999～2009年，化工学科项目申请总数增长了365％，批准数增长了379％。年平均批准率

为 18%～19%。其中，青年项目申请和资助呈现出更为迅猛的增长，1999～2009 年，青年项目的申请数和批准数分别增长 620% 和 817%（表 3-7 和表 3-8）。

表 3-6 1999～2009 年国家自然科学基金化工学科申请与批准情况汇总

项目	总数	面上项目	重点项目	杰出青年项目
受理/项	10205	9559	291	351
资助/项	1891	1794	55	38
资助率/%	18.5	18.8	18.9	10.8

表 3-7 1999 年和 2009 年国家自然科学基金化工学科项目申请情况对比

项目	总数	自由申请	青年项目	地区项目	重点项目	杰出青年项目
1999 年/项	391	281	69	25	9	7
2009 年/项	1817	1170	497	46	60	44
增长率/%	365	316	620	84	567	529

表 3-8 1999 年和 2009 年国家自然科学基金化工学科项目批准情况对比

项目	总数	自由申请	青年项目	地区项目	重点项目	杰出青年项目
1999 年/项	68	47	12	4	3	2
2009 年/项	326	197	110	8	8	3
增长率/%	379	319	817	100	167	50

国家自然科学基金委员会分重大项目、重点项目、面上项目，以及杰出青年项目、创新研究群体项目等形式对化工学科进行了资助。同时科学技术部通过 973 计划、863 计划、国家科技支撑计划等也对化工学科进行了资助。一些发达城市也有相应的项目及人才启动资金资助。

我国化工学科已拥有一支高水平的研究队伍。近 10 年的发展历程充分证明，在两院院士、长江学者和国家杰出青年等优秀科学家的带领下，培养和造就了一批活跃在世界科学前沿的优秀学术带头人，吸引了一批海外留学人员回国服务，在推动化工基础科学和前沿科学研究中发挥了重要作用。

近年来，在"长江学者奖励计划"的支持下，一批中青年学者已经成长为我国高校科技创新和学科建设的领军人物。近 10 年来，"长江学者和创新团队发展计划"共奖励特聘教授 1139 人，化学工程类 32 人，占总人数的 2.7%；2004～2009 年，在 317 个教育部创新团队中，化工学科相关团队有 16 个。

化工学科领域的科学研究和技术创新已拥有坚实的研究平台和学科基础。目前我国 24 个化学（化工）国家重点实验室中，有 7 个化工学科的国家重点实验室，7 个化工学科的国家工程中心；据不完全统计，我国目前有 40 余所高校和科研单位建有 51 个化工学科省部级（含地方）重点实验室。全国有 217 所高校设立化工学科，其中化工一级学科被认定为国家重点学科的大学有 6 所，9 所大学和研究所的二级学科（化学工程、化学工艺、生物化工、应用化学或工业催化）被认定为国家重点学科。一级学科博士授权点 23 个，另有一级学科覆盖下的二级学科博士授权点 36 个。这些高水平研究平台和学科基础，为我国化工科学领域的科学研究、技术创新和人才培养发挥了重要作用。

七、环境化学

环境化学的研究领域非常广泛，几乎深入环境的各个方面，如土壤环境、大气环境、水环境以及生物圈等，从污染物的环境背景调查、环境质量监测、迁移转化过程、生物生态效应到环境污染控制和修复，乃至全球环境问题的认识，无不依赖于环境化学的发展。环境化学不仅可以帮助识别化学污染物的来源、种类、数量和形态，还可以描述和预测污染物的环境过程及未来变化趋势，并为污染控制和修复提供原理和手段，因此环境化学贯穿于环境问题研究的全过程。

环境化学是一门发展十分迅速的新兴交叉学科。随着人们对环境质量和人体健康的日益关注，环境化学学科的地位日益提高。1995 年，美国科学家 Sherwood Rowland 和 Mario Molina 及德国科学家 Paul Crutzen 获得诺贝尔化学奖，标志着环境化学的研究成果得到了国际学术界的认可。近年来，许多研究取得了突破性进展，其研究成果及学科地位越来越被学术界重视。从 *Science*、*Nature*、PNAS、*Environ. Sci. & Tech.* 等顶级刊物发表的有关环境化学的论文数量，可以看出学术界对它的重视程度。根据 Web of Science 统计表明，2004 年至 2009 年 8 月，*Science* 共发表研究论文 7844 篇，其中以环境与生态（environmental and ecology）为主题的论文 777 篇，占 9.9％；*Nature* 共刊登论文 8502 篇，其中以环境与生态为主题的有 578 篇，占 6.8％；PNAS 共发表论文 19 477篇，其中以环境与生态为主题的有 1150 篇，占 5.9％。

我国环境化学研究起步相对较晚，但发展十分迅速，在环境保护中发挥了重要作用。20 世纪 70 年代至今，我国环境化学工作者已在湖泊富营养化、水污染控制、大气污染控制、土壤污染控制与修复、有毒化学品的环境风险评价、环境内分泌干扰物、持久性有机污染物、纳米材料的环境效应，以及电子垃圾环境污染与危害等方面开展了大量的研究工作，取得了显著的成绩。

针对经济社会高速发展带来日益严重的具有中国特色的环境问题，在国家可持续基本战略的指导下，我国环境化学工作者完成了一批国家重大研究课题，在解决我国重大环境问题（如松花江污染事件、太湖蓝藻事件等）和制定行政决策及履行国际环境公约（如《斯德哥尔摩公约》、《巴塞尔公约》等）等方面都发挥了不可替代的作用，推动了环境化学的迅速发展，并培养了一批从事环境化学研究与管理的高素质人才。我国环境化学研究成果不仅丰富了环境化学的内涵，同时开始在国际学术界产生重要影响，主要表现在四个方面。

第一，我国环境化学工作者在 *Nature*、*Science* 和 PNAS 等顶级期刊上发表的论文从无到有；2004 年至 2009 年 8 月，我国学者在 *Science* 上共发表论文 105 篇，其中以环境与生态为主题的有 9 篇，占 8.6％；在 *Nature* 上共发表论文 114 篇，以环境与生态为主题的有 13 篇，占 11.4％；在 PNAS 上共发表论文 380 篇，其中以环境与生态为主题的有 23 篇，占 6.1％。在国际著名的环境科学与技术刊物 *Environ. Sci. & Tech.* 上发表的论文迅速增加：2003 年，我国学者作为通讯作者在 *Environ. Sci. & Tech.* 上仅发表 13 篇论文；而 2008 年和 2009 年，分别发表 145 和 162 篇论文，稳居全球第二。我国学者在环境领域发表的 SCI 论文数逐年上升，2008 年达 2695 篇，占全球环境领域 SCI 论文总数的 9.8％，比五年前提高了 3.8%。

第二，已有一批学者在所研究的领域开始产生重要的国际影响。我国环境科学工作者担任了一些重要国际环境科学刊物，如 *Environ. Sci. & Tech.*，*Water Research*，*Environmental Pollution*，*Chemosphere*，*Chemical Research in Toxicology* 和 *Environment International* 等杂志的副主编或编辑（5 人）、编委（14 人），美国化学协会还将 *Environ. Sci. & Tech.* 的亚洲编辑部设在北京。

第三，我国环境化学工作者在许多国际组织任职，如联合国环境规划署暨斯德哥尔摩公约秘书处全球持久性有机污染物监测亚太区域协调委员会主席和全球协调委员会委员（亚洲代表）等。

第四，由我国科学家组织并担任主席的环境化学国际会议逐年增多，如 2009 年在北京举办的第 29 届国际二噁英大会和在贵阳举行的第 9 届汞全球污染物国际会议，均在其所在领域产生了重要的影响。

目前，环境化学发展已趋于成熟，我国环境化学研究队伍日益扩大，国际合作不断加强，其学科地位逐步显现。研究工作已经由"跟踪"逐渐向"创新"转变，如持久性有机污染物、大气复合污染与控制、重金属污染控制与修复、复合毒性机制、纳米材料环境效应、电子垃圾环境危害等方面的研究已取得有重要国际影响的成果。污染控制化学、环境分析化学、区域环境化学、环境污染化学等方面的研究也都具有一定优势。但我国环境化学发展不太平衡，环境污染过程、污染生态化学，尤其是理论环境化学方面的研究相对薄弱。随着社会经济和其他学科的发展，新的技术和手段的不断应用，环境化学与其他学科之间的相互交叉、相互渗透和相互融合将更加广泛深入，环境组学、环境纳米化学、环境计量学等一些新的交叉学科，必将进一步推动环境化学的发展。

八、化学生物学

我国的化学生物学研究始于 20 世纪 80 年代末，当时科学技术部启动了一项攀登计划——生命过程中重要化学问题研究。20 世纪 90 年代，化学生物学作为一门新兴学科在国际上兴起，我国科学家基本是与国际同步开展化学生物学学术讨论和科学研究的。自1999 年起，国家自然科学基金委员会化学科学部组织了一系列化学生物学研讨会，包括九华论坛、香山科学会议、双清论坛、多次全国化学生物学讨论会及 2005 年第 40 届国际纯粹与应用化学联合会（IUPAC）的化学生物学分会。通过充分的研讨，凝练了我国化学生物学学科的发展方向和中长期研究目标。很多化学和生命科学的研究人员从此开始了实质性的合作，开展了深入的化学生物学研究，并取得了一些有影响力的研究结果。

20 世纪 80 年代，我国科学家发现三氧化二砷（As_2O_3，俗称砒霜）能用于治疗白血病，并于 20 世纪 90 年代发现三氧化二砷对急性早幼粒细胞白血病（APL）疗效显著，同时还发现了全反式维甲酸对 APL 的治疗作用及其与三氧化二砷联合用药的协同作用；在此基础上，通过使用三氧化二砷和全反式维甲酸为探针，综合运用化学生物学、基因组和蛋白质组方法和技术对 APL 的发病机制以及维甲酸的信号转导过程进行了系统研究，取得了具有国际影响的成果。

20 世纪 70 年代，我国科学家发现由青蒿中提取的天然产物具有抗疟活性，经结构改造获得抗疟药物蒿甲醚，其是研究疟原虫的感染机制较好的探针分子。进一步发现一类水溶性青蒿素衍生物具有较强的免疫抑制活性，对牛皮癣、红斑狼疮等自身免疫性疾病有较好的疗效，扩大了此类化合物作为探针的应用范围。从我国特有药用植物千层塔中发现石杉碱甲，它对阿尔茨海默病疗效显著，并具有较好的神经保护作用，可作用于乙酰胆碱酯酶、钾离子通道等多个靶标，是探索神经退行性疾病机制的较好探针。

我国科学家从橙色束丝放线菌（*Actinosynnema pretiosum*）中分离得到了十九元大环酰胺 ansamitocins，具有极强的抗肿瘤活性，有三个 N-糖基化位点。在 ansamitocins 生物合成后修饰中鉴定出该类化合物的酰胺 N-葡萄糖基转移酶 Asm 25，不但为肿瘤相关信号转导途径研究提供了较好的小分子探针，也发现了对蛋白质进行糖基化修饰的酶。从小穴壳菌（*Dothiorella* sp.）中发现了一类结构新颖的天然产物 cytosporone，具有抗肿瘤和抗低血糖活性，是孤儿受体（Nur77）的激动剂，为研究 Nur77 的功能和信号转导通路奠定了基础。

20 世纪 80 年代，我国科学家发现左旋千金藤啶碱是多巴胺 D1 受体的激动剂、多巴胺 D2 受体的拮抗剂，具有较强的抗精神分裂症活性。含有这些化合物的植物如黄连等可用于治疗糖尿病、高血脂等疾病，用小檗碱为探针，发现了新的胆固醇代谢途径。喜树碱是我国科学家首先发现的抗癌天然产物，国外科学家发现它是拓扑异构化酶Ⅱ的抑制剂。我国科学家用水溶性喜树碱酯衍生物为探针，发现了激活 PKC8 诱导急性髓系白血病（AML）细胞凋亡的机制，为抗白血病药物研究提供了新的靶标。在 G 蛋白偶联受体、TGF-β 受体、Wnt、NFκB 等信号转导途径的分子机理及其与细胞增殖、分化、凋亡及迁移等生命活动的关系的化学生物学研究方面，也取得了若干高水平的研究成果。

近年来，糖化学生物学研究在国际上又兴起了新的一轮浪潮，尤其是发展了新的糖检测和结构测定的新技术，如糖在细胞和体内的影像技术、糖的微量序列测定技术、糖的芯片测定技术等。糖药物的研发也备受关注，如糖类抗肿瘤疫苗（糖蛋白）和抗感染药物（糖苷水解酶和糖基转移酶抑制剂）等。我国科学家合成了一些复杂的天然糖缀合物，发展了一些高效的寡糖合成方法，发现了一些高活性的抗肿瘤和抗病毒的糖类化合物，发展了用于检测细胞表面一些糖基的新颖电化学分析方法，发现了半乳糖基转移酶的一些新功能，发现了烟曲霉中糖合成相关酶的一些新功能等。

在化学递质及相关的突触释放、神经环路研究中的光化学应用、受体/离子通道变构激活与调节的化学基础、计算化学与神经科学的联合运用等方面，我国科学家采用荧光化学测量技术，结合电化学微碳纤电极技术和膜片钳、膜电容技术，系统研究了神经递质、激素（尤其是儿茶酚胺类）的分泌机制和生物学意义；用遗传学的方法将真核生物的光激活的阳离子通道 Channel-rhodopsin-2（ChR2）特异性地表达进果蝇特定类型的神经元，通过光控实现对果蝇神经环路中某种特定类型神经元的操控；运用计算化学和分子生物学的手段，对甘氨酸受体和 GABA$_A$ 受体两种氯离子通道以及酸敏感阳离子通道，在原子尺度模拟了通道的动力学行为，发现了酸敏感离子通道结构域、子结构域之间存在的一组协同运动与通道门控功能密切相关。Minor 教授在《神经元》上撰文认为该项工作"在新化合物功能研究和离子通道的生物物理研究之间架起了一座桥梁，在酸敏感离子通道化学生物学发展方面迈出了激动人心的新步骤"。

2006 年 Yamanaka 发现了仅用四个因子便可以将成体细胞重编程为类似胚胎干细胞的诱导多能干细胞（iPS）。我国科学家发明了一种无血清培养体系，可以高效地获得 iPS，发现血清对于 iPS 重编程可以起到抑制作用。先后鉴定了数条与 iPS 重编程效率有着密切关系的通路，并且在培养基中也分离鉴定了提高 iPS 效率的有效成分。结合进一步的化学小分子筛选工作，可以在机理上深入探讨重编程的机制，有望发展出完全基于小分子药物的重编程技术。

在化学生物学研究中，生命过程中物质组成、含量、结构、形态及分子活性等，以及各种原位、实时、高灵敏、高选择、高通量的检测新方法和新技术发展十分迅速。我国科学家发展了多种实时检测活细胞中金属离子、自由基、活性氧等重要生物活性分子的光学探针，发展了细胞表面糖基和聚糖等的原位检测传感器。在蛋白质等生物大分子–生物大分子和生物大分子–小分子相互作用的分析检测方面，建立了蛋白质磷酸化鉴定的多级质谱分析鉴定法，多结构域蛋白动力学过程测定的核磁共振（NMR）新方法，蛋白质降解和变性的光学表面等离子共振（SPR）成像观测方法，基于化学抗体–核酸适体的蛋白质、核酸检测新方法，以及药物小分子或小分子配体与蛋白质复合物结构和分子识别的质谱分析和光学检测等新方法。将微流控芯片与表面化学、微纳米加工技术相结合，建立了在单细胞和多细胞水平上表征细胞动态行为和细胞相互作用的微流分析方法以及实时检测细胞释放物的超微电化学分析方法。在单分子水平的分析检测方面，发展了能在活细胞状态监测蛋白质亚基组成和信号转导过程中蛋白质动态行为的单分子荧光成像法、分析蛋白质聚集状态的单分子荧光光谱法，以及能在细胞上实时检测配体-受体的作用力和复合物稳定性的单分子力谱法。

我国科学家将计算化学和计算生物学应用于化学生物学研究，建立了柔性分子对接方法和与重要疾病相关的靶标库，发展了以活性小分子为探针，搜寻潜在结合蛋白质的反向分子对接方法TarFisDock，提出了发现药物靶标的新策略，并用该方法发现了一个抗幽门螺旋杆菌天然产物的结合蛋白质。TarFisDock 已经建立了网络服务器（http://www.dddc.ac.cn/tarfisdock），免费供国内外同行使用。发现 6-姜辣素的抑制结肠癌效果是通过抑制LTA4 水解酶而实现的，从而证明 LTA4H 有可能是治疗癌症的一个重要靶标；建立了一种基于表达谱分析的化学功能相似性分析方法，该方法可用于分析化学分子与特定基因功能模块的关系。进行了分子动力学（MD）研究，对模拟跨膜蛋白和蛋白质构象变化机制及成纤维多肽的成核聚集机制进行了研究，所提出的模型已被后续的研究证实；发展了基于结构的蛋白质中肽段成纤维性的预测方法，并对酵母和人的所有蛋白质进行了预测；发展了研究蛋白质纤维化动态过程研究的实验检测方法。在 SARS 病毒蛋白水解酶研究方面提出该蛋白酶在单独存在时只有二聚体才有活性，并用分子动力学和实验相结合的方法证明二聚体中只有一个单体是有活性的，二聚体界面是一个潜在的药物设计靶标。发展了一种新的蛋白质功能设计方法，并在促红细胞生长因子体系中得到成功应用。研究了蛋白质序列与结构的对应关系，成功设计了具有 $\beta\alpha\beta$ 结构的小蛋白并解出了其溶液核磁结构。发展用于蛋白质设计的计算方法，并应用于 α/β 蛋白质的设计，研究蛋白质三维结构的进化规律。研究了酵母细胞周期的动力学特性，发现了细胞周期网络具有很高的稳定性；通过研究炎症病理过程中的一个核心网络——花生四烯酸代谢调控网络的动力学性质，证实了作用于多个靶点的抗炎药的优势，发展了一种针对复杂疾病分子网络进行关键靶标识别和多靶标控制方案预测的计算方法；发现具有生物适应性的生物网络拓扑结构只有有限的几种。发展了根据蛋白质序列直接预测蛋白质-蛋白质相互作用（PPI）的新方法，其预测精确性大于80%，并能用于不同类型PPI网络的预测。

"九五"、"十五"期间，国家自然科学基金委员会资助化学与生命科学交叉的重大项目有5项，国家自然科学基金委员会化学科学部有关化学与生命科学交叉的重点项目有32项。2004～2006年，国家自然科学基金委员会设立与健康领域的交叉面上项目（2000万元/年），化学科学部的申请获得近一半项目的资助；2003～2005年国家自然科学基金委员会国际合作局资助了8项化学与生命科学交叉的重大国际合作项目（60万～95万元/项）。同时国家自然科学基金委员会化学科学部有机化学学科近五年资助的自然科学基金项目中有30%与化学生物学有关。"十一五"期间，国家自然科学基金委员会启动了"基于化学小分子探针的信号转导过程研究"重大研究计划（2008年1月至2015年12月），总体科学目标为：充分发挥化学和生物医学的特点以及学科交叉的优势，突破传统的研究方法，以化学小分子为探针，发展新方法、新技术，针对生命体系信号转导中的重要分子事件，开展化学生物学研究，揭示信号转导的调控规律，为重大疾病的诊断和防治提供新的标记物、新的药物作用靶点和新的先导结构，为创新药物的发现奠定基础。同时，促进化学和生物医学研究的衔接和交叉集成，形成新的学科生长点。2007～2010年共有45个承担单位获得了该重大研究计划的资助项目，其中，26所大学（学院），共承担76项（其中重点7项）；研究所19个，共承担62项（其中重点8项）。1994～2010年，从事化学生物学研究得到杰出青年项目资助的个人共9人，来自全国8个单位。

自1999年起，北京大学、清华大学、复旦大学、南京大学、厦门大学、武汉大学、湖南大学、四川大学、华东理工大学等十余所高校相继成立了化学生物学省部级重点实验室、化学生物学系或研究生专业；中国科学院上海生命科学研究院和中国科学院上海有机化学研究所（生命有机化学国家重点实验室）成立了化学生物学联合研究中心；中国科学院化学研究所、中国科学院大连化学物理研究所、中国科学院福建物质结构研究所、中国科学院兰州化学物理研究所、中国科学院武汉物理数学研究所等也成立了化学生物学研究中心或研究室，湖南大学建有化学生物传感与计量学国家重点实验室。创新药物研究中培养了一批化学生物学研究所必需的组合化学、高通量筛选和活性化合物设计研究队伍；在基因组和功能基因组研究中，培养了一批生物信息学和基因组研究人才队伍。因此，我国已基本建立了一支开展化学与生物医学交叉领域的研究队伍。

九、放射化学

我国的放射化学在 20 世纪 50 和 60 年代处于黄金时期，各重点高校均开设放射化学专业，为我国的"两弹一艇"做出了不可磨灭的功绩。然而，从 20 世纪 70 年代以后，国际上核化学与放射化学出现了下降趋势，尤其是美国的三哩岛事故和苏联的切尔诺贝利核灾难加剧了这种趋势。某些媒体和文艺作品对放射性的危险性不恰当的夸大渲染，导致广大公众和青年学生畏惧一切与放射性有关的研究活动，而其中放射化学受害最深。到 20 世纪末，我国的放射化学和全世界一样都走到了低谷。我国的放射化学科研和教育水平已多年持续下降，目前我国的核化学和放射化学总体水平，不仅落后于美国、欧洲和日本，甚至在乏燃料后处理等方面还落后于印度。这种滞后状态已严重危害到我国的国家安全、核电建设以及社会和经济的发展。

放射化学这种非理性和非科学的下降趋势已引起了国际原子能机构、美国和欧洲等国际和地区性学术组织的高度关注。近年来，加强放射化学教学和研究的呼声正在逐渐高涨。国际原子能机构于 2002 年召开了专家会，讨论了如何加强放射化学教学和研究的行动计划；同年，欧洲科学家起草了一份有关放射化学的报告，已征集了数百位著名学者的签名。美国一批资深科学家已向国会提交了一份长达 50 页的建议书，提出了各种建议，以促进放射化学的教育和科学研究。该建议书着重指出，由于放射化学的敏感性，美国发展这类研究工作以及对这类人才的需求是不能简单依靠引进国外力量来满足的。最近，美国已制订了长远且目标明确具体的放射化学战略规划，并已经进入实施阶段。事实说明，放射化学在国际上现正处于复兴阶段。

我国放射化学的落后状况也已引起了中央领导的高度重视，其多次做出重要批示，为我国放射化学在新世纪的发展指明了方向。不少科学家积极响应中央号召，呼吁有关部门采取积极措施推动我国放射化学的复苏。经过这几年的努力，我国的放射化学现正处于恢复性上升态势中，其主要标志是：在国家自然科学基金委员会、教育部和原国防科学技术工业委员会等的支持下，放射化学领域的重点实验室正在建立，教育部已正式将核化学与放射化学列入与无机化学、有机化学和物理化学等相同地位的学科目录。放射化学作为紧缺学科和特殊学科正在多所高等院校获得重视，放射化学本科生和研究生的招生情况正在好转，放射化学专业毕业生的分配需求旺盛。

然而，我们也应看到，由于核科学技术地位的上升，现有越来越多的高等院校恢复或新成立了核技术学院，有的高校甚至提出了相当庞大的招生计划。现在需要认清我国放射化学的现况，为适应我国核电、国家安全及国民经济等发展的需求，应该制订切合实际的放射化学研究和教育计划，明确放射化学发展路线图：既要满足国家对放射化学的需求，又要避免盲目发展，使我国的放射化学走可持续发展的道路。

第三节　推动学科发展、促进人才培养、营造创新环境等方面的举措与存在的问题

为了进一步推动化学发展、促进人才培养、营造创新环境，"十一五"期间，国家自然科学基金委员会在争取加大财政投入、

实现科学基金持续增长、改进评审机制、加强专家队伍建设、加强成果管理、建立共享机制、加强信息化建设、提高管理效率、规范管理制度、推进依法行政、加强监督工作、维护科学道德、建设创新文化、弘扬科学精神等方面做了大量的工作，使得化学的队伍逐步壮大，人才素质逐步提高，学术氛围不断改善。目前，我们有了一支结构合理、规模适中、朝气蓬勃的人才队伍，基本形成了团结合作、和谐发展的研究氛围，这为"十二五"期间化学的更好发展奠定了坚实的基础。

虽然化学近年来取得了突出的进步，但我们必须认识到，在创新性研究方面、在研究成果的影响力方面，我们离世界领先水平还有相当大的差距。这需要我国在未来 10 年，继续贯彻国家自然科学基金委员会"更加注重基础"的方针，做好以下方面的工作，不断提高我国化学的研究水平。

一、倡导原始创新，完善评价体系

虽然我国化学的整体研究水平已有很大的提高，在国际著名科技期刊上发表研究论文的数量在快速增长，但具有原创性和系统性的工作仍需加强。要鼓励具有原创性的新思想、新概念、新理论和新方法的提出，对重大基础问题科学研究应给予持续性的支持，使我国在一些重要的研究领域取得突破，形成一些由我国科学家提出的、在国际上具有重要影响的学术思想和理论，使我国在化学的若干领域的研究水平跨入世界先进行列，且在一些领域形成优势和特色。

目前，我国对基础研究的评价体制主要是基于发表论文的数量、发表期刊的影响因子和论文的引用次数等指标。这些定量指标尽管可以反映出科研工作者的科研产出能力，但并不能全面地反映研究者真正的科学贡献。这种科研评价体制必然造成科研人员盲目地追求论文的数量、期刊的影响因子，喜欢做短、平、快的研究工作，不喜欢做周期长、难度大、投入高的研究工作，因而不能真正地潜下心来埋头做学问，研究根本的基础科学问题；这种科研评价体制还导致研究者，特别是青年研究者不愿意从事探索性和挑战性的研究工作。一些研究单位对论文的奖励制度和凭论文数量评定职称的制度更是助长了科研的浮躁现象。科研成果评价体制的不完善不仅影响了科研工作的创新和质量，更为严重的是，过分急功近利还导致了科学上的不端行为。目前国家正在不断完善科研评价体制，对科研的评价更加注重研究的创新性、系统性和科学贡献。为此，"十二五"期间，化学学科要根据自身的学科发展需求，制定客观、公正、科学、有效的科研评价体制，切实推动化学学科全面高质量发展。

二、营造创新环境，加快人才培养

创新是科学不断发展的动力，而人才是科研创新的关键。在过去的化学研究中，我国高水平的研究人才相对缺乏，导致"跟踪"研究多，原始创新少，在国际上影响力不够大。因此，需要坚持理论创新和技术创新的基本原则，营造"公开、公平、公正"的竞争环境，培养更多的高水平研究人才。

目前我国化学研究队伍已经形成一定规模，但在研究领域的分布上需要进一步调整，改变目前过多研究人员集中在少数几个热点研究领域的现状。继续重视中青年拔尖与领军人才的培养和引进，在促进中青年人才自身学术水平不断提高的同时，使他们成为凝聚和带动研究团队的核心。

重视研究生培养，不断完善人才培养体系，鼓励创新，建立有利于化学人才产生的教育培养体系，营造一个有利于激发人才创新的良好环境。同时，要建立完善的博士后制度。过去由于我国经济条件和科研条件的限制，优秀的博士毕业生优先选择去发达国家做博士后，导致我国优秀人才的大量流失，制约了我国创新科技能力的发展。我国应重视建立具有吸引力的博士后制度和保障措施，以更好地发挥博士后这支生力军的作用。

加大力度培养从事化学与其他科学交叉研究的队伍。例如，首先，目前我国从事化学生物学的研究人员大部分是从化学转过来的，少部分是来自生物学，这就造成了我国的化学生物学研究偏化学而轻生物。其次，由于我国的科技工作者对化学生物学学科的理解有偏差，化学生物学在我国实际上并没有被认为是一门相对独立的学科，我国几乎还没有科研人员把化学生物学当做自己主要的专业研究方向，仅仅作为一种"副业"或业余爱好来研究。再次，从事化学生物学的科研人员缺乏原始创新精神。化学生物学从一个方面来看是方法与技术驱动的学科，与国外相比，还没有我国科学家提出的化学生物学研究的新方法和新技术；从另一方面来看，化学生物学是对生物学问题的深入研究，由于受专业影响和对生物学问题的理解，我国的化学生物学工作者还较少有国际影响的新发现。

三、优化学科布局，均衡学科发展

在一些学科的分支方向上存在着发展不均衡的问题。有些分支方向集中了过多的研究力量，特别是在一些热点研究领域，集中现象尤为明显。例如，无机化学的传统研究方向和理论化学研究方向，研究力量则过于薄弱，且无充足的后备力量。值得重视的是，一旦一个研究方向没有发展，将可能制约整个学科的发展，成为该学科发展的"短板"。同时，应立足国家发展的实际需求，逐步引导化学的发展为推动国家的经济与社会发展服务。此外，要根据学科发展的特点，发挥"最长的手指"的优势，取得科研的制高点。"补短板"和"伸长指"将使我国的化学学科更加健康、全面、可持续性地发展。

四、加强学科交叉，提升研究水平

一方面，加大力度支持化学内部各分支学科的交叉合作，开拓新领域；另一方面，促进化学与材料科学、纳米科学、能源科学、环境科学、信息科学等的交叉融合。在促进各学科自身发展的同时，更好地支撑我国经济社会的持续发展。只有不同学科的研究密切交叉合作，才有望做出创新性的研究工作。对此，"十二五"期间，国家应进一步鼓励交叉学科的研究，鼓励交叉合作创新团队，并加大投入力度。同时，在学生的培养过程中，注重其知识结构，培养其多学科的知识背景，以更好地应对未来化学发展的挑战。

第四章

化学的发展布局与发展方向

"十二五"是我国科技、经济、社会发展的重要战略机遇期，也是继续深入推进《国家中长期科学和技术发展规划纲要（2006—2020年）》各项战略部署的落实、建设创新型国家、实现全面建设小康社会宏伟目标的关键时期。"十二五"期间，化学学科发展战略坚持以邓小平理论和"三个代表"重要思想为指导，深入贯彻落实科学发展观，全面实施科技立国、科技兴国及人才强国战略，立足国情，以人为本，准确把握战略定位，加强统筹部署，继续推动我国科技事业的蓬勃发展。

第一节　指导思想

未来10年，化学学科发展布局的指导思想是：均衡发展学科，加强学科交叉，保持优势领域，注重理论与实验结合，鼓励原创思想和技术，提倡功能导向研究。

以深入实施《国家中长期科学和技术发展规划纲要（2006—2020年）》作为主线，准确把握"支持基础研究、坚持自由探索、发挥导向作用"的战略定位，坚持"尊重科学、发扬民主、提倡竞争、促进合作、激励创新、引领未来"的工作方针，从建设创新型国家的战略全局出发，紧密结合国家重大战略需求，瞄准国际发展新趋势，加强人才队伍建设，培养一支具有一定规模和较强竞争力的、结构合理的化学研究队伍，造就一批具有国际影响力的化学家。完善科研评价体系，均衡化学各分支学科的持续协调发展，形成并保持自身的优势与特色，继续推进化学与其他学科的交叉融合，提高基础研究的原始创新能力，促进科技成果转化和产业化，缩小与发达国家的差距，全面提升化学对国家自主创新能力的支撑作用，重塑化学在社会公众中的形象，实现化学的跨越式发展。

第二节 发 展 目 标

我国化学一直具有良好的研究基础，结合我国化学的发展基础和国际化学前沿发展趋势，围绕国民经济、社会发展和国防建设的重大战略需求，到 2015 年，我国化学发展的总体目标：完善化学各分支学科的布局，培育和支撑新兴交叉学科，推动学科间的交叉、融合与渗透，促进化学学科的均衡、协调和可持续发展；自主创新能力显著增强，基础科学和前沿技术研究综合实力显著提高，在若干科学前沿和新兴领域实现重要突破，获得一批国际水平的创新性研究成果，解决一批国家经济社会发展中的关键科学问题，使我国化学研究赶超国际先进水平；培养和造就一批具有世界影响力的杰出科学家和冲击国际科学前沿的创新团队，显著提升基础研究整体水平和国际竞争力；为全面建设小康社会提供强有力的支撑，为建设创新型国家和 2020 年跻身世界科技强国做出贡献。

第三节 发 展 策 略

一、保持已有优势，发展新的特色领域

改革开放以来，经济、社会的快速发展极大地推动了我国化学

的发展，原创性研究成果不断增加，国际影响力不断提高。当前，我国化学正处在蓬勃发展的新时期，整个学科的发展保持着良好的势头，其基础研究已与世界前沿接轨，科研队伍建设也取得了很大的成绩，凝聚和成长了一支高水平的化学研究队伍。"十二五"期间，在已有的研究基础上，坚持"有所为，有所不为"，继续深入开展以化学合成及理论为核心，以材料科学、能源科学、生命科学、农业科学、环境科学和信息科学等领域的重大需求为导向，发展定向、高效、低耗、绿色的化学合成、能量和物质转换体系及相关技术，加强基础研究思想和方法向原理器件设计和制备技术的转化，强化探索和创新意识，注重基础研究、应用基础研究和应用研究的结合与协调发展，加快化学的全面发展，缩小与发达国家的差距，保持已有的研究特色和优势领域，形成既借鉴其他学科的思想、技术，又有明显化学特色的新的特色领域和学科。

二、突破学科前沿，赶超国际先进水平

从增强国家创新能力出发，以提高原始创新和自主创新能力为发展战略，认真学习和充分借鉴人类一切优秀文明成果，在化学的前沿及其新兴领域，选择具有一定基础和优势、关系国计民生和国家安全的关键科学问题，集中力量、重点突破。争取在揭示分子及其组装体的可控合成、设计规律、性质与微观结构的本质关系，高性能、不同凝聚态结构化学材料体系的制备、表征、理论模拟和计算方法，高效能源和物质转化催化剂的设计和机理，关乎人类生存和健康的药物设计和合成等领域取得重要研究成果。进一步重视对我国特色资源的高效、可持续开发利用的系统研究，充分利用我国在化学化工领域的最新研究成果，加强理论与实验结合，发现和提出可用于合成复杂和特殊结构与性能化合物的新思想、新概念、新方法和新原理，形成一些由我国科学家提出的、在国际上具有重要影响的学术思想和理论，进一步提升我国在新物质创造、利用方面的水平，使我国在一些重要化学领域的研究实现跨越式发展，达到国际先进水平。

三、加强学科交叉，培育新的生长点

学科间的交叉、融合与渗透是传统学科的发展点、新兴学科的生长点、重大创新的突破点及人才培养的制高点。瞄准科学前沿和国家战略需求，完善学科布局与结构，注重和加强化学各分支学科及其与材料科学、生命科学、信息科学、纳米科学等学科的交叉、渗透和融合，推动学科建设，形成新的学科生长点，赋予化学新的内涵和生命力。前瞻性地重点部署和发展一些新的具有战略意义的国际前沿研究领域（如能源、环保、生物、催化等），组织学科交叉研究和多学科综合研究。重视功能导向的化学材料的组装、复合、应用及其结构与功能关系的系统研究。培育原始创新，促进集成创新，构建支撑我国科技、经济和社会发展的新平台，为培养能适应国家新世纪发展急需的高层次和创新性复合型人才做出贡献。同时，通过学科交叉适时开展天体化学、中微子探测、暗物质与反物质中的化学问题等方面的研究。

四、面向国家需求，促进成果转化

以应用需求为目标导向，针对国家在国民经济和国防建设等领域的重大战略需求，围绕科技立国、科技兴国的发展战略，深入开展与化石能源高效绿色转化、太阳能和核能利用相关的能源科学和材料研究，深入开展与人体健康相关的检测、诊断与治疗药物和技术研究，深入开展与动植物生长、发育和抗逆性相关的农业科学和技术研究，深入开展以水资源、土壤和空气等相关的分离净化科学和技术研究，坚持不懈地推动关键领域技术的群体突破。实现基础研究与国家发展目标的紧密衔接，体现我国"有所为，有所不为"的科技发展思路，获得一批具有中国特色和优势、在国际上有竞争力和重大应用价值的研究成果，为我国科技、经济和社会的健康、协调、持续发展做出有显示度的重要贡献，并提供知识与技术支持和储备。

五、培养领军人才，建设一流研究基地

优秀的人才队伍是推动我国化学蓬勃发展的重要保障。针对国家对高素质创新人才的需求，围绕人才强国的发展战略，坚持以人为本，切实加强科技人才队伍建设，造就和吸引更多具有国际化教育和多学科背景的"领军人才"，为顺利实现"十二五"期间化学发展的战略目标提供人才保障。依托重大科研项目、重点学科和科研基地，以及国际学术交流与合作项目，抓紧培养和造就一批在国际上有影响的优秀青年学术带头人以及德才兼备的中青年拔尖和领军人才，使他们成为凝聚和带动研究团队的核心。积极实施国家提出的海外高层次人才引进计划，加大各类优秀人才引进力度，吸引更多的海外杰出人才归国工作，壮大人才队伍，提升科研水平。建立健全的管理体制，不断形成和完善育才、识才、聚才和用才的良好环境，建设一批具有世界水平的化学创新研究团队，显著提升我国化学研究在国际上的竞争力和影响力。

根据国家重大战略需求和学科发展需要，优化资源配置，集中力量建设一批国际一流水平的、学科综合交叉的、资源共享的基础科学和前沿技术研究基地。在重点支持现有国家实验室、国家重点实验室和部门开放实验室的同时，把国家重点实验室纳入国家大型科学装置和平台建设行列，继续发挥经济和文化发达、人才集中地区已有科研基地的示范和引领作用，注重对经济欠发达的西部地区科研基地的培育和扶持，落实中央关于"开发西部、振兴东北、中部崛起"的发展战略。

第四节　化学各学科的发展布局和重点发展方向

本着"学科无冷热、方向有先后"的发展布局思想，"十二五"期间化学的发展布局必须体现均衡、协调、交叉和融合的原则。

各学科的具体重点方向如下。

一、无机化学

1. 元素与分离化学

1）稀土轻质高强结构材料。

2）稀土功能材料的设计与制备。

3）稀土清洁分离流程与材料制备一体化。

4）多酸（多金属氧簇）化合物的设计合成、组装与功能化。

5）盐湖镁、锂资源的利用。

6）元素周期表的研究。

2. 无机合成化学

1）无机合成新概念、新方法、新技术、新路线。

2）功能导向的多尺度结构可控设计、定向合成、制备和剪裁。

3）无机自组装方法与技术。

4）复杂无机体系反应过程与机制。

3. 无机固体化学

1）精密无机固体的合成与制备方法的理论化和程序化。

2）无机固体精细结构与功能关联性。

3）原子与分子尺度无机固体凝聚态。

4）无机固体材料表/界面结构调控。

5）功能材料固体化学。

4. 无机材料化学

1）金属、氧化物结构敏感催化材料。

2）高效能源材料。

3）新型光学晶体材料。

4）分子筛及多孔材料。

5）稀土化合物功能材料。

6）无机-有机杂化材料。

7）先进碳材料。

5. 配位化学

1）配位化学中的新反应及方法学。

2）配位超分子与晶体工程学。

3）光电热磁功能配合物的设计和合成。

4）多孔配位聚合物的设计和合成。

5）手性配合物及分子聚集体的构筑、性能和构效关系。

6）复合功能配合物分子材料的设计和合成。

7）溶液及表/界面配位化学。

6. 有机金属化学

1）金属-碳多重键化学。

2）不饱和有机金属化合物的合成、结构和反应性。

3）有机金属框架化合物的可控制备与性能。

4）有机金属簇合物。

5）有机金属分子材料及器件。

7. 团簇化学

1）新型团簇分子的合成、表征与形成机理。

2）金属簇合物的设计合成及其性能的结构调控。

3）功能团簇材料的组装与适用化。

8. 生物无机化学

1）重要金属酶的结构、功能、催化机理及模型化合物构建。

2）无机物在病理过程和疾病诊断与治疗中的作用及其作用机制。

3）无机物与生物大分子的相互作用及功能调控机制。

4）生物矿化、生物纳米的程序化组装及智能仿生体系。

5）与疾病相关的金属组学和金属蛋白质组学。

6）无机物和无机化学反应在环境和生命进化中的作用。

7）稀土生物效应及其作用机制。

9. 物理与理论无机化学

1）溶液及固相无机反应机理。

2）表/界面有机金属化学中化学作用的本质。

3）无机基元的相互作用及其结构化学规律。

4）理论无机化学方法及其应用。

5）物理新方法与新技术在无机化学中的应用。

二、有机化学

1. 有机合成化学

1）基于惰性化学键活化的有机合成。

2）有机分子催化及合成应用。

3）不对称合成。

4）多组分反应、串联反应、协同催化反应。

5）有机合成试剂。

6）可控自由基反应。

7）光促进的选择性合成。

8）基于生物质的有机合成方法。

2. 金属有机化学

1）金属有机化合物的合成、结构和成键模式。

2）新型基元反应。

3）导向有机合成的金属有机化学。

4）金属促进的惰性化学键活化与功能化。

5）金属催化的不对称合成。

6）新型金属有机合成试剂与方法。

7）导向聚合物合成的金属有机化学。

8）稀土金属有机化合物。

3. 元素有机化学

1）碳-杂原子键的形成与断裂规律。

2）元素有机新试剂。

3）元素有机化合物参与的新反应。

4）基于元素有机化合物的新材料。

5）生物活性元素有机化合物。

4. 天然产物有机化学

1）新颖结构天然产物的发现。

2）天然产物的生物活性研究。

3）复杂天然产物的全合成。

4）天然产物骨架的高效构建。

5）结构多样性和生物活性导向的类天然产物合成。

6）天然产物的仿生合成。

5. 生物有机与药物化学

1）生物大分子的合成与性能。

2）小分子和生物大分子相互作用。

3）生物催化与生物合成。

4）仿酶合成。

5）生物活性导向的有机合成。

6）有机小分子调节剂的发现和作用机制。

7）药物分子的设计与构效关系。

6. 物理有机化学

1）有机化合物的化学键性质。

2）有机反应活泼中间体。

3）重要有机反应机理研究。

4）计算有机化学。

5）生命科学中的物理有机化学问题。

7. 超分子与聚集体化学

1）超分子结构基元的设计与合成。

2）分子间弱相互作用的规律及其本质。

3）超分子体系的分子识别和组装。

4）分子组装体的结构和表征方法。

5）超分子体系中的信息传输过程。

6）超分子材料和器件。

8. 有机功能材料化学

1）功能有机分子的设计、合成与组装。

2）双稳态/多稳态分子的设计、合成与应用。

3）光电磁有机功能材料。

4）有机功能材料的电子和能量转移过程。

5）生物有机功能材料。

9. 应用有机化学

1）分子靶标导向的新农药创制。

2）绿色农用化学品。

3）食用有机化学品。

4）日用有机化学品。

5）环境友好的染料与颜料化学。

6）有机分子的传感及影像。

7）应用有机合成方法学。

10. 有机分析化学

1）有机化合物的分离分析新方法。

2）有机质谱新方法。

3）多维多核与高灵敏核磁共振新技术。

4）生物有机分析。

三、物理化学

1. 结构化学

1）结构化学及其规律性。

2）新型物化性质研究方法与仪器设备的开发和组合。

2. 催化化学

1）化石资源优化利用的催化基础。

2）可再生资源利用的催化基础。

3）与新能源探索相关的催化基础。

4）与环境保护相关的催化基础。

5）与绿色化学相关的催化基础。

6）与均相催化有关的基础研究。

7）催化功能材料的设计、合成和制备。

8）发展原位、动态表征催化剂和催化反应机理的高灵敏度、高（时间、空间）分辨率和模型催化的先进实验方法。

9）建立和发展适用于催化剂和催化反应研究的先进理论方法。

3. 化学动力学

1）重要基元化学反应动力学。

2）化学反应的量子调控。

3）分子激发态及非绝热动力学。

4）多元复杂体系的动力学测量及模拟。

5）表/界面化学反应动力学。

4. 胶体与界面化学

1）胶体与界面化学的基本物理化学问题。

2）新方法、新手段（或新技术）的应用以及学科交叉。

3）体相/界面分子聚集行为、聚集体结构和功能。

5. 电化学

1）电化学在能源领域的基础和应用。

2）荷电界面微观结构和动态过程的原位、实时电化学技术。

6. 光化学与光物理

1）超短脉冲激光技术的光化学和光物理。

2）功能超分子体系和分子聚集体的光化学和光物理。

3）低维光子材料与器件的光化学和光物理。

4）非线性光学分子与材料的光化学和光物理。

5）生物体系的光化学和光物理。

6）极端条件下的光化学和光物理。

7. 化学热力学

1）复杂体系和具有特殊性质体系的化学热力学。

2）生命科学、材料科学、环境科学、能源、化学工程、绿色化学相关的化学热力学问题。

8. 理论化学

1）新的电子相关理论，包括更可靠、更普适的、新的密度泛函形式。

2）线性标度密度泛函理论与低标度、高精度电子结构理论。

3）激发态的超快动力学过程与锥形交叉结构。

4）激发态、溶剂化电子的结构、理论及其在材料和生物体系的应用。

5）高维多自由度与凝聚相体系的量子动力学与非平衡统计力学。

6）多尺度的结构与性能计算方法与自组装结构模拟。

7）发展可极化的、化学反应性的、多尺度的分子力场。

8）新的相对论量子化学方法与光、电、磁性质。

9）纳米材料、团簇、分子器件、纳米器件的计算模拟。

10）催化反应过程、反应通道与选择性。

11）燃烧反应过程的动力学模拟。

12）计算阐述的化学新概念、新思想。

13）生命科学体系中的信息传导、离子通道。

14）蛋白质结构及其相互作用与生物信息网络功能。

15）与能源、环境等相关的分子反应动力学过程计算与模拟。

16）光电磁功能材料计算设计。

四、高分子科学

1. 高分子合成化学领域

1）非石油路线合成高分子的新途径。

2）可控/"活性"自由基聚合的综合体系和聚合方法。

3）共轭聚合物合成的新方法和新催化体系。

4）具有不同拓扑结构和功能的聚合物合成方法。

5）高分子合成化学与生命科学领域的交叉。

6）新的可控缩聚反应和体系。

7）新的酶催化聚合反应。

8）高分子的绿色合成新方法。

9）烯烃配位聚合的新高效催化剂。

2. 高分子组装与超分子聚合物领域

1）多层次、多组分超分子自组装和解组装。

2）超分子体系的理论和实验。

3）用于智能响应、自修复与功能表面的超分子功能材料。

4）超分子催化与人工酶、人工细胞。

3. 高分子物理领域

1）不同层次高分子结构的形成动态过程和环境响应。

2）非晶相聚合物链对聚合物性能的影响。

3）检测聚电解质和高分子亚浓溶液的流变行为及其本体的结

晶和玻璃化转变等新技术。

4）高分子体系分子间相互作用力的直接检测技术。

5）高分子结构和性能的在线、原位、即时检测及相关辅助技术。

4. 高分子理论与模拟领域

1）高分子理论和新的计算模拟方法。

2）生物大分子在复杂生理环境下的行为。

3）带电聚合物体系中的非高斯链行为及关联。

4）高分子体系的相变与结晶过程及规律。

5）受限条件下聚合物相分离以及形成纳米结构。

6）聚合物/纳米粒子复合体系。

5. 光电功能高分子领域

1）光电功能高分子合成方法学。

2）光电功能高分子的分子设计与可控制备。

3）光电功能高分子中的结构缺陷对材料性质的影响。

4）光电功能高分子的分子结构、聚集态结构和性质的连贯研究。

5）高分子光电功能薄膜的凝聚态与界面调控。

6）高分子光电薄膜微加工与图案化。

7）光电功能高分子计算模拟与理论预测。

6. 生物医用高分子领域

1）具有生物活性或智能响应的医用高分子设计。

2）生物医用高分子的合成与制备新方法。

3）纳米医用高分子的构筑与生物效应。

4）生物材料与细胞相互作用的科学问题与调控规律。

5）干细胞与再生医学相关的生物医用高分子。

6）组织修复相关的医用高分子。

7）药物与基因传递相关的医用高分子。

8）分子识别和疾病诊断相关的生物医用高分子。

7. 高分子加工领域

1）通用高分子材料高性能化的加工原理与新方法。
2）先进高分子材料加工成型的新技术和绿色加工工艺。
3）环境友好高分子加工改性和高值化利用原理。
4）天然高分子加工的新方法和新技术。

五、分析化学

1. 光谱分析化学

1）新型光学探针及在单细胞分析中的应用。
2）超快光谱技术。
3）高分辨的光谱成像技术。
4）基于光学原理的新型传感器与传感阵列。
5）化学发光和生物发光。
6）原子光谱与金属组学研究。

2. 电分析化学

1）功能化（仿生）界面的构筑、表征与应用。
2）生物、纳米电分析化学。
3）电化学成像分析。
4）新型电分析化学仪器与装置的研制。
5）电化学传感基础与应用。
6）各种新技术与电分析化学技术的联用。

3. 色谱和微-纳流控

1）样品处理技术。
2）联用方法和多维技术。
3）新型分离介质的研究。
4）微-纳尺度分离设计理论及其应用研究。

5）高集成度微-纳流控芯片研制。

6）微-纳系统的创新性进样理论、方法和技术。

4. 质谱分析

1）面向蛋白质科学研究的新方法和新技术。

2）代谢组学研究。

3）质谱成像。

4）新型质谱仪的研制及小型化。

5. 核磁共振

1）医学成像新技术。

2）临床快速检测技术。

3）代谢组分析新技术与新方法。

4）生物分子结构、相互作用和动力学分析新方法与技术。

5）脑功能的成像技术与物质基础分析方法。

6）细胞、组织、活体的原位波谱与成像分析。

7）先进材料结构和功能分析。

8）膜蛋白研究的新技术与新方法。

6. 化学计量学

1）采样理论、试验设计与优化。

2）分析信号检测和处理及分析校正。

3）化学模式识别和图像分析。

4）统计学、统计方法、分析信息理论和定量构效关系。

5）人工智能、专家系统和人工神经元网络与自适应化学模式识别。

7. 生命分析化学

1）生命分析化学新原理与新方法研究。

2）人类健康与疾病相关的分析化学基础研究。

3）食品安全、公共安全检验检疫。

4）极端条件下的监测技术。

5）生命分析仪器的研制。

6）靶标发现新技术。

8. 环境分析化学

1）新方法、新技术研究。

2）样品采集及前处理技术。

3）原位及形态分析。

4）分析方法的标准化及质量控制。

5）环境分析仪器研制。

六、化工

1. 反应与分离工程

1）多相复杂反应和分离体系的模拟新理论和新方法。

2）新型反应与分离材料的制备及其性能。

3）反应与分离过程强化和微型化基础。

4）化工过程节能减排关键技术的科学基础。

2. 化工过程中的表/界面科学与工程

1）表/界面性质估算的分子热力学模型。

2）表/界面复杂结构及其形成过程的实验观测、分子和介观模拟。

3）界面传递过程的实验观测、计算机分子模拟和分子传递理论。

4）催化及复杂材料的表/界面过程。

5）界面传递与反应过程的耦合现象及其调控。

3. 计算化学工程

1）复杂体系的计算与模型化方法。

2）纳/微尺度和表/界面的量化计算与分子模拟。

3）新材料的分子设计、结构筛选与性能计算。

4）大分子、生物体系及仿生材料的模拟。

5）多尺度及其协同作用的模拟技术。

4. 化工过程放大的科学基础

1）多相反应与传递过程放大的理论方法。

2）基于复杂流体力学模拟与微变形控制的工程基础。

3）聚合物材料制备与成型过程中的工程科学问题。

4）生物过程放大的科学基础。

5）新型反应器的设计和放大过程中的工程科学问题。

5. 化学产品工程

1）功能导向的化学产品分子及其分子以上层次结构的设计。

2）化学产品精细结构的控制合成。

3）界面现象与复配对产品应用功能的影响规律。

4）功能高分子产品的创新设计与定向制造。

5）化学产品的全寿命周期分析。

6. 多尺度复杂化工过程

1）多尺度结构及其调控方法。

2）介尺度结构形成机理行为预测及调控规律。

3）过程和材料的多尺度模拟方法与实验验证。

4）跨尺度模拟与系统集成方法。

5）基于多尺度模拟的过程设计与开发。

7. 非常规化工过程的科学基础

1）高温高压条件下的传递与反应规律。

2）外场作用下分子混合、传递与反应调控的工程科学问题。

3）新介质中的传递与反应的科学基础。

4）微系统环境中热质传递与反应的科学基础。

5）过程耦合与集成的系统方法。

8. 过程系统工程与化工过程安全

1）基于机理与运行信息融合的化工系统建模、优化方法及性能调控。

2）多功能复杂化工系统多目标多约束优化集成与控制策略和方法。

3）物质与能量梯级利用系统的柔性综合与优化方法。

4）化工过程本质安全/故障诊断与自愈调控的理论和方法。

9. 生物与食品化工

1）高效生物催化剂的发现和改造。

2）细胞代谢调控及合成生物技术的化工基础。

3）生物反应与分离及其耦合过程优化。

4）食品化工技术的科学基础。

5）生物制药过程中的化工基础。

10. 能源化工

1）石油（重油）和天然气高效清洁转化的化工基础。

2）煤高效清洁燃烧及转化利用的化工共性问题。

3）生物质高效转化的化工基础。

4）氢能生产、储存与高效转换的化工基础。

5）其他新能源及其相关化工基础。

11. 材料化工

1）基于分子及其分子以上层次结构的材料设计。

2）材料制备的化工基础。

3）材料加工和结构控制中的化工基础。

4）材料应用中的化工基础。

5）材料全寿命周期服役行为评价。

12. 资源与环境化工

1）资源高效清洁转化利用的化工基础。

2）资源替代的化工基础。

3）环境污染控制和治理的新方法及新技术。

4）工业废弃物综合利用关键技术基础。

5）二氧化碳捕集、分离及转化利用的化工科学基础。

七、环境化学

1. 环境分析化学

1）环境样品的采集和前处理技术。

2）环境污染物分离分析新方法与新技术。

3）原位和现场分析技术。

4）新污染物的分析方法。

5）生物监测与生物标志物。

6）环境计量学。

7）标准参考物质。

2. 大气污染及控制

1）灰霾污染、成因与控制。

2）大气中持久性有毒物质的迁移、转化机制。

3）氮氧化物控制。

4）温室气体控制。

5）室内空气净化。

3. 水体污染与控制

1）污染物在水-沉积物界面的迁移转化、行为及归趋。

2）水处理中有毒污染物削减的新技术原理、排放标准与生态安全。

3）废水资源化利用的安全风险评价。

4）污染水体的修复原理与方法。

5）给水处理过程中新型污染物的风险控制原理。

4. 土壤污染与控制

1) 土壤复合污染过程及调控原理。

2) 污染物的生物有效性与土壤环境质量基准。

3) 土壤-植物间污染物的迁移转化。

4) 植物-微生物联合修复污染土壤的新技术及化学调控机理。

5) 污染场址的绿色修复技术原理。

5. 污染生态化学

1) 化学污染的生态毒理过程。

2) 化学污染对生态系统的影响及其机理。

3) 化学污染胁迫下生物的抗性与生态适应性。

4) 污染生态诊断、风险评价与相关应用研究。

6. 生态毒理与健康

1) 环境污染物的体内过程。

2) 低剂量长周期效应。

3) 复合毒性效应。

4) 非典型剂量-效应关系。

7. 理论环境化学

1) 复杂环境过程的理论模拟方法。

2) 生物毒性分子机制理论研究方法。

3) 复合污染物毒性预测方法学。

4) 环境污染物非线性非均匀相多介质模型。

5) 环境理论计算化学方法与模型在污染物风险评价中的应用。

八、化学生物学

1. 分子工具发展与应用

1) 生命复杂体系中分子实时检测方法。

2）动态单分子检测和表征方法。

3）活体分子靶标的标记与示踪化学。

4）疾病生化检测系统和生物传感器件。

5）分子影像技术。

2. 探针分子研究

1）活性天然产物作用机制研究。

2）内源性分子探针的发现。

3）特异性探针在生命科学研究中的应用。

4）生物分子的化学生物学研究。

3. 基于小分子探针的信号转导过程研究

1）特异性探针分子库的建立。

2）重要信号转导机制的研究。

3）细胞活动中的信号转导过程的研究。

4）重要生物信号网络的动力学行为研究。

4. 神经化学生物学

1）信号分子的功能和生理作用研究。

2）相关疾病机制和治疗方案与药物研究。

3）神经环路及损伤修复研究。

4）脑功能成像技术与方法。

5）促进神经干细胞分化及生长的药物研究。

5. 干细胞化学生物学

1）干细胞调控相关小分子化合物库的建立。

2）活性分子干细胞调控机制研究。

3）干细胞调控药物发现前期研究。

6. 非编码RNA

1）非编码RNA性质与功能的化学生物学研究。

2）非编码 RNA 的化学标记物和检测新方法。

3）非编码 RNA 及其修饰物的合成与应用。

7. 天然及类天然生物大分子的合成与功能研究

1）生物大分子新的链接反应。

2）重要蛋白质、核酸的各种修饰物研究。

3）含非天然氨基酸的荧光标记技术。

8. 化学生物学中的计算与模拟

1）生物分子相互作用的计算化学生物学。

2）生物网络的计算方法。

3）多点扰动对于生物体系的影响。

4）理论计算和实验相结合研究具体的生物学问题。

九、放射化学

1. 先进核能化学

1）超铀元素的裂变化学。

2）次要锕系元素的分离化学。

3）裂变元素化学和氚化学。

4）镧系/锕系分离化学。

2. 环境放射化学

1）低浓条件下放射性核素的准确测量技术。

2）胶体和有机质影响。

3）微生物影响。

3. 国家安全放射化学

1）核测试放射化学。

2）铀钚及超铀元素化学。

3）氚化学与氚工艺。

4. 放射性药物化学

1）放射性核素化学。

2）放射性诊断药物化学。

3）放射性治疗药物化学。

第五章

化学的优先发展领域与重大交叉研究领域

第一节 优先发展和重大交叉领域的特征

为了更好地落实《国家中长期科学和技术发展规划纲要（2006—2020 年)》，需按照"有所为，有所不为"的原则，确定未来 5～10 年化学的优先发展领域和重大交叉研究领域，以进一步提升我国化学学科的发展水平和自主创新能力，实现从"化学大国"到"化学强国"的跨越式发展。优先发展和重大交叉领域具有以下四个特征。

一是充分体现学科交叉，面对人类认识自然提出的新要求，不断开拓新的研究领域和思路，注重与物理科学、生命科学、材料科学、信息科学等学科的交叉、渗透和融合。

二是充分体现国家目标，面向国民经济和社会发展中的重大需求，围绕资源的有效开发利用、环境保护与治理、人口与健康、各种不同性能材料的开发等一系列重大的挑战性难题，力争在更深层次上进行化学的基础和应用基础研究，发现和创造出新的理论、方法和手段。

三是充分体现化学自身的特点和优势，继续发挥创造新物质、发展新方法和新理论、充满创新活力的中心学科的作用，充分展示它从单原子、单分子到分子聚集体的多层次、多尺度研究物质变化规律的特征。

四是充分体现国家自然科学基金委员会党组提出的"更加侧重

基础、更加侧重前沿、更加侧重人才"的要求，关注化学前沿问题，支持源头创新；鼓励具有我国优势和特色的研究领域；支持以解决国民经济发展中的重要科学问题为目标的基础研究。

第二节　2011～2020 年化学的发展方向和研究重点

在充分分析化学的发展趋势和优势领域的基础上，按照所确定的优先发展和重大交叉领域的特征，经过战略研讨，确定以下 11 个方面为未来 5～10 年化学的优先发展领域和重大交叉研究领域。

一、合成化学

合成化学是化学的核心和基础，担负着创造各种重要物质的使命，并始终处于化学发展的前沿。合成化学研究的对象广泛、化学过程复杂、产物结构和性能需求多样，为其方法和理论的发展提供了广阔的思考空间，促进了创造性化学的发展；同时，合成化学产生的各种结构多样且性能优异的物质为化学工业、医药、材料及能源工业提供了基础，在促进产业变革和其他高新技术形成中起着关键作用。

合成化学已经具备实现从小分子到大分子、从单分子基元到超分子体系的构筑，实现化学、区域和立体选择性控制的能力。如何通过对化学键的选择性活化、断裂与可控性重组，通过弱相互作用的调节精确组装功能超分子体系，以 100％产率和 100％选择性实现对特定功能物质和结构体系低耗、安全、经济与绿色的合成，是当前合成化学面临的重大挑战。

合成化学根据合成对象和合成过程的可控、高效、低能耗、低排放、高选择性等要求，结合生命科学、材料科学、信息科学、能源科学和环境科学等对新物质、新材料和新器件的需求，研究功能导向新物质的设计理论、反应过程、合成与组装方法学，探讨合成反应和物质转化过程的机理与本质规律；借鉴生命体系的生物合成和演化过程，结合物理、材料科学等学科的研究手段和技术，发展新的合成策略，以满足在分子设计指导下定向合成各种特定结构和特定功能化合物及其组装体的需求。

重点研究方向：①功能导向新物质设计、合成、理论和方法；②分子剪裁和组装的控制和机理；③复杂体系及其反应历程；④新合成策略、概念和技术；⑤极端条件下的合成和制备。

二、化学结构、分子动态学与化学催化

对物质的多层次结构的认识，对动态变化及结构与性能关系的阐明是物理化学研究领域的重要内容，分子反应动态学在原子和分子水平上研究化学反应过程中原子和分子重新组合的动态过程，搭起了从物理学基本规律到复杂的化学过程的桥梁；催化是合成新物质、新材料和实现新反应的有效途径，催化作用几乎遍及化学反应的整个领域，是能源、资源、环境和化工等领域发展的基础学科支撑。未来重点研究方向既包含上述的重要方向，又包含了支持这些方向发展的重要实验手段。

重点研究方向：①从静态结构到动态或瞬态结构；②自组装与多层次结构的动态形成过程；③表面单分子结构及反应过程的测控；④化学反应动态学理论与实验技术；⑤界面化学反应的本质、动态过程及反应控制；⑥催化机理及其反应过程的调控；⑦极端条件下的化学反应与物质结构；⑧超快时间分辨、高空间及能量分辨的谱学测量技术与方法。

三、大分子和超分子化学

大分子又称为高分子，包括合成高分子和生物大分子。高分子科学是研究高分子的形成、化学结构与链结构、聚集态结构、性能

与功能、加工及应用的学科门类。超分子化学主要研究以分子间弱相互作用而形成的超分子体系或非键合聚合物，以及基于超分子的有序高级结构的构筑和功能。

高分子化学领域的主要方向：合成高分子的各种聚合方法学研究，包括分子量和产物结构等可控的聚合反应研究及大分子的生物合成方法；高分子参与的化学过程研究，包括聚合物后修饰反应、官能团转换反应、异构化反应、降解反应，高分子化合物作为试剂、催化剂，大分子生物化学与生物功能等；功能高分子研究，包括电、光、磁特性，光电转换、电光调制功能，光电信息存储、处理功能，生物医用、能量转换、吸附与分离、传感和分子识别功能等。

在高分子物理领域，主要方向有高分子凝聚态物理新理论、新概念研究，包括聚合物结构和相转变、凝胶形成结构及其动态演变；加深对聚合物结晶、液晶和玻璃化等转变过程的认识，以及对从单链高分子聚集态到成型过程聚集态的研究；受限空间高分子结构，表/界面结构与性能，高分子纳米微结构与尺度效应，聚合物结构的动态演变，形态、结构与宏观性能的关系以及新的表征方法与技术。

超分子化学已远远超出原来的主-客体化学范畴，近年来发展了以小分子化合物通过多重分子间作用力，如多重氢键、大 π 键、主客体化学作用或配位键等形成的链状或树枝状大分子；以分子为基本结构单元，形成有序组装体是超分子化学的主要方向之一，多层次、多维度、多尺度的组装可以使分子自组装从微观尺度拓展到宏观尺度，分子组装体进行更高级复杂组装就是逐级或多级组装；利用超分子概念，有望获得更多功能化超分子材料，其中手性组装体和光学活性超分子组装体是前沿的研究方向。

重点研究领域：①可控/"活性"聚合方法，不同拓扑结构聚合物精密合成方法；②光电功能大分子制备新方法；③可再生资源利用、非石油大分子合成路线；④高分子生物合成方法；⑤高分子多层次结构动态过程与机制；⑥多层次、多尺度高分子结构及其环境响应；⑦医用高分子合成与功能调控；⑧生物材料与细胞相互作用与调控规律；⑨超分子体系新型构建方法，超分子聚合物组装新方法；⑩超分子材料功能化。

四、复杂体系的理论、模拟与计算

理论计算研究不仅仅只是针对分子结构，而且还要全面预测实际体系的结构、反应过程和性能。需要从电子结构计算的空间和时间尺度（即阿秒和飞秒）扩大到实际化学反应发生的空间和时间尺度（即毫米以上和毫秒以上）要求将电子结构与动力学紧密结合，对计算方法的精度、效率和动力学理论方法都提出了非常高的要求。

重点研究方向：①面向复杂体系、以从结构到性能预测为导向的计算方法的发展与应用；②普适可靠的密度泛函形式、高精度和低标度的电子相关理论以及激发态结构与过程理论；③物质形态转换过程中化学反应过程的理论与计算；④高维、多自由度及凝聚相体系的量子动力学理论与非平衡、非线性统计理论；⑤面向自组装结构与过程发展多尺度的动力学理论。

五、分析测试原理和检测新技术、新方法

分析测试和表征是获得物质化学组成、结构和相互作用信息的科学，是化学学科科学数据的源泉。在 21 世纪，新的测试原理与方法的建立尤为重要，不仅对化学学科自身的发展，而且对生命科学、材料科学、环境科学、能源科学，以及医疗卫生等领域的发展具有重要作用；同时，在国家安全、人类健康和经济发展等方面也正发挥着越来越重要的影响。当今国际上科学研究的领先权，在很大程度上取决于研究方法和研究手段的先进程度。著名的人类基因组计划，就是首先重视了发展方法学，尤其是 DNA 高速测序方法与技术的集成，才走上了成功之路。分析测试与表征所面对的体系，已从简单体系发展到复杂体系。复杂体系中的物质种类繁多、形态复杂、性质各异、含量极微，且这些物质的相互作用错综复

杂，既有线性变化，也有非线性变化或介于线性与非线性之间的变化；既有化学、物理变化，也有生物变化。要对这些低丰度物质的组成和含量进行定量分析和检测，并对其复杂的结构或形态、生物活性及其动态变化过程等进行有效和灵敏的追踪、监测与时空分辨，就必须充分利用并大力发展现代分析方法和检测技术。

重点研究方向：①复杂样品系统分离与鉴定方法学研究；②多维、多尺度、多参量分析测试新原理与新方法研究；③组学分析中的新方法和新技术；④面向国家安全、人类健康、突发事件的分析方法与技术研究；⑤分析器件、装置、仪器及相关软件的研制；⑥极端条件下的分析化学基础研究；⑦成像分析技术研究；⑧纳米分析方法与技术研究。

六、绿色与可持续化学

绿色与可持续化学是当今国际化学发展的先进理念，旨在确保人类社会的可持续发展。世界多国因此先后提出了可持续化学应该优先发展的主题和领域，制订了详细的绿色可持续化学行动路线图等，为孕育化学制造和相关产业的重大变革提供了思路。我国许多一流大学和科研单位都在开展绿色化学的研究，一些企业也逐渐重视绿色与可持续化学和技术的研发，已取得了令人瞩目的成绩，在国际学术界也已有一定的影响。

实现绿色可持续化学首先是从化学产品的分子设计和创制入手，加速对已有的，对人类健康、社会安全、生态环境有害的有毒产品进行提升换代；其次是通过采用"原子经济性"反应，使原料中的每一原子进入产品，不产生任何废物和副产品，实现废物的"零排放"；也不采用有毒、有害的原料、催化剂和溶剂，实现清洁制造；再次是建立反应过程强化与耦合新方法，开发高效分离新技术和高效催化材料，实现节能降耗、安全生产；最后是注重和强化多学科交叉汇聚，建立产品全生命周期分析和评价体系。

总之，绿色与可持续化学是人类社会发展到今天对化学提出的更高的目标和要求，是多学科相互交叉渗透的领域，不仅涉及对现有化学过程的提升和改进，更需要新概念、新理论、新反应途径、新过程的科学创新。

重点研究方向：①有毒、耗能和污染型产品的替代产品；②高效"原子经济性"新反应；③无毒无害及可再生原料的高效转化；④环境友好的反应介质的开发和利用；⑤绿色化工过程与技术；⑥循环经济系统中化学品全生命周期分析与评价。

七、污染物多介质环境过程、效应及控制

当前，全球变暖、持久性有机物污染等生态环境问题日益严重。作为经济高速增长的发展中国家，我国目前正面临比发达国家更加复杂的环境问题，环境污染呈现压缩型、结构型、复合型的特点，发达国家上百年工业化过程中分阶段出现的环境问题，在我国集中出现。一些地区大气、水体、土壤环境出现严重的复合污染，影响饮用水、农产品乃至生态安全。近年来，我国蓝藻暴发、铅污染等环境公害事件时有发生。此外，因环境污染造成的工农业产品有毒有害物质超标，已成为我国出口贸易的障碍。环境污染不仅造成巨大的经济损失，还给人民生活和健康带来严重的威胁。

环境污染防治中急需解决的关键科学技术问题如下：复杂基体中超痕量污染物形态和毒性及生物标志物分析；环境中污染物的浓度水平、源汇机制、复合污染过程；污染物的多介质界面行为、区域环境过程；污染物的生物生态效应、毒理学机制及环境质量标准；污染物削减与修复的新技术原理；环境污染对健康影响的生物化学机制；为保障生态环境安全及人类健康、实现经济社会可持续发展提供理论依据与技术支撑。

重点研究方向：①环境分析新方法、新技术原理；②大气复合污染过程与控制原理；③水体污染过程、控制与修复原理；④土壤污染过程、控制与修复原理；⑤污染物的生物有效性与生态效应；⑥污染物的生态毒理与健康效应；⑦污染物界面过程、生物转化与毒性效应的理论研究。

重大交叉研究领域：①污染物多介质界面行为、区域环境过程

与调控；②纳米颗粒物的环境行为与生物效应；③环境友好和功能材料在污染控制中的应用；④化学污染物暴露与食品安全；⑤化学品风险评估与管理的理论与方法。

八、化学与生物医学交叉研究

化学生物学运用化学的原理、方法和手段探索生物体内的分子事件及其相互作用的网络，在分子水平上研究复杂生命现象。作为交叉学科，它的目标是通过化学方法和技术拓展生物学的研究范围。它与分子药理学的区别是，分子药理学研究的是药物作用于疾病靶点的机理，而化学生物学涉及更加广阔的领域，包含了所有可以引起生物大分子接连反应的化学小分子，为基因组学和药物的发现提供基础。

从合成尿素开始的有机化学，到用分子语言来定义复杂的生物系统，形成了当今化学生物学化学与生命过程的密切联系。化学生物学研究复杂系统和信号传导系统，促进系统生物学研究机体复杂系统的相互作用，包含化学小分子对生物大分子和基因系统的相互作用，对复杂体系的研究在化学生物学中会有很大的发展。

化学生物学还利用有机化学的工具来追踪复杂体系。它的发展趋势是用小分子系统地研究生命，而不是合成某一个特定的化合物，或者追求某一特定的生物作用。它是用化学的手段来研究生命的过程，研究复杂的体系，而不局限在某一个蛋白或某一个靶点。因此，化学生物学最终的目标是要用系统的工作追踪生物学过程，包括信号通路和网络，或者是参与整体生物学（global biology）研究工作。

重点研究领域：①基于化学小分子探针的复杂生物体系中信号转导过程研究，以及分子、细胞、组织等结构与功能关系的化学过程研究，以揭示生命过程的化学本质；②具有重大意义的生物大分子及其类似物的合成及功能研究；③非编码 RNA 结构与功能研究；④干细胞化学生物学及神经化学生物学；⑤化学探针、分子成像等生物体系中信息获取新方法和新技术；⑥探针分子的筛选及其作用机制研究；⑦计算机模拟技术，特别是针对复杂生物网络体系计算技术的研究。

九、功能导向材料的分子设计与可控制备

社会的快速发展和国家重大战略需求的满足需要新技术和新功能材料作为支撑。功能材料被广泛应用于通信、信息、电子、能源、环境、生命、资源、农业、人口与健康、公共安全、国防安全、先进制造业等领域，在国民经济和社会的快速与可持续发展中发挥着越来越重要的作用。材料的分子设计、化学合成、多尺度结构及物理化学性质的研究，凝聚态表/界面的分子反应机理，以及表面结构和反应性研究等都是传统上化学研究的核心问题。如何发展原子与能耗经济、环境友好、高效的定向合成、制备、复合与组装路线已成为材料科学与化学的重要任务。为此，必须深入研究与认识材料的功能-结构之间的关系及其科学规律。根据功能需求，开展具有广泛应用前景的功能材料的分子设计与可控制备，是今后创造与开发新型功能材料的必由之路。

功能导向材料的分子设计与可控制备研究将围绕材料的性能与结构（电子、分子及分子以上层次诸如凝聚态）的关系、功能基元的调控，以及功能材料分子设计与定向合成、制备、复合与组装过程中的若干关键科学问题开展深入的研究。例如，光诱导电荷分离、电子输运、磁有序、催化和能量传递与转换过程等基本问题；化学键的选择性活化、断裂与可控性重组；表面单分子的形态，分子内相互作用，以及分子组装体中分子间的作用和键间的相互作用；功能基元及其相互作用方式与其性能及复合性能间的关系；功能材料合成、制备、复合与组装过程中物种间相互作用、反应过程及其生成机制等科学问题。

研究重点将以国家重大战略需求的功能材料的创造为目标，以功能为导向，阐明功能材料体系研究中材料的特殊功性能（光、电、磁、催化等）与结构（电子、分子及分子以上层次诸如聚集态）之间的关系与规律，揭示决定材料性能的功能基元及其调控方

式，为实现功能导向材料的分子设计及定向合成、制备、复合与组装提供新理论、新方法、新路线与新材料体系。

重点研究方向：①不同尺度物质间相互作用的机制及其调控规律；②表/界面的结构调控与功能化；③依据分子到固体的组装过程和规律构筑有序纳米结构和材料；④光电磁及其复合性能等功能无机晶态材料的分子设计与可控制备；⑤有机/高分子光电功能材料的设计与可控制备；⑥软物质与生物医用材料的分子设计与制备方法；⑦高性能催化材料的分子设计与微/介精细结构控制；⑧极端条件下材料的化学结构形态及物相的控制和调控。

十、能源和资源的清洁转化与高效利用

能源资源主要包括传统化石能源（煤、石油、天然气等）、具有重要战略意义的新能源（太阳能、生物质能、核能、天然气水合物及次级能源等）、矿物资源特别是稀土资源、战略金属和非金属元素资源、天然动植物资源和海洋资源等。化石能源日益短缺，大量使用所引起的环境污染、气候变化及对外依存度等问题日趋严重，能源资源问题越来越成为制约我国可持续发展的关键性瓶颈问题。太阳能、生物质能等资源对从根本上解决资源匮乏、能源短缺和应对气候变化问题具有重要意义，但太阳能、生物质能资源大规模利用的关键技术和基础理论仍很薄弱。因此，能源和资源的清洁转化与高效利用具有非常重要的战略意义。

化学与工程研究的重点任务在于以最少的能量使用、最低的物料消耗、最小的污染排放、最有效的途径获得最大的目的产品收率或能量，创制新型功能产品，发展各种替代或新能源，如生物质能、太阳能、核能等。化学与工程研究者应在能量密度提高、能量高效生产储存及能量转化效率提高等方面寻求突破；还需要在新催化材料、新反应工程和新反应途径方面取得突破，并在其中起到支撑作用。在有效利用资源的同时将环境负荷降到最低，是化学化工研究领域所面临的重大课题和任务，其关键就是通过资源结构调整和化学过程技术的创新与改进，将理论、实验及计算相结合，深入

认识资源转化和环境污染控制过程中所伴随的复杂的化学及物理变化的微观机理及宏观规律，通过分子调控和系统优化集成，形成新一代资源高效转化和环境友好的新理论、新方法、新技术。

重点研究方向：①化石能源高效清洁转化和提高能源效率的化学化工基础；②生物质高效转化的化学化工基础；③我国特有资源高效、高值和平衡利用的化学化工基础；④资源型复杂巨系统的化学化工基础；⑤太阳能高效低成本转换利用的化学化工基础；⑥核能高效安全利用的化学化工基础；⑦新型、高效、清洁化学能源的化学化工问题；⑧新型替代和潜在能源的化学化工问题。

十一、面向节能减排的过程工业

过程工业包括化工、钢铁、有色、冶金、建材等行业，其产值占我国全部工业产值的 37%，占 GDP 总量的 16.6%，是我国国民经济的支柱。过程工业的主要特征是以物质转化为核心，通常采取大规模、连续化生产，耗能大、污染重、效率低。过程工业用能占全国工业能源消费总量的 79.7%，占全国能源消费总量的 54.4%，远高于轻工业、服务业和生活用能等，因此开展过程工业的节能减排具有重要的战略意义。

在基础科学层面上，过程工业以化学、物理、数学等学科为基础，通过深入揭示物质转化过程中物质的运动、传递和反应之间的关系及其对物质组成-结构-性质的影响，创建高效、清洁、节能、安全、经济的物质转化工艺、过程和系统，支撑资源、能源、化工、冶金、环境、电子、生物、制药、化肥、食品等众多行业的可持续发展。

虽然经过了近 30 年的持续高速发展，我国过程工业取得了重大进展，然而依然存在工艺技术和生产装备相对落后，资源、能源利用率低，空气、水和固体废弃物污染严重，生态环境恶化，原料和技术对外依存度高（如钾肥对外依存度高达 70%）等问题，严重制约了我国过程工业的可持续发展。因此，开展过程工业节能减排的总体目标就是大幅提高自主创新能力，实现核心技术的源头创新，根据技术特征和科学内涵，突破过程工业节能减排的科技瓶颈，解决分子/纳微–单元/过程–系统多个层次物质转化和能量利用的关键科学问题，形成新一代过程工业节能减排技术，并进一步发展和完善过程工业节能的普适性理论和方法。

重点研究方向：①化石资源利用过程中的高效、低碳排放转化的共性科学基础；②可再生能源开发、利用中的化学工程基础；③外场条件下的化工过程强化机制和节能理论；④非常规介质强化反应传递过程的机理和调控机制；⑤面向过程工业的先进计算、模拟与仿真系统；⑥重要化工转化过程的优化集成与多尺度调控。

第六章

化学的国际合作与交流

随着人类对自然界认识的深入，基础研究正朝着更宏观、更微观和更综合的方向发展，科学问题的规模、投资的强度、科学研究的方式等方面都在逐步进入一个全球化和国际化的时代。在这种情况下，通过更广泛、更深入、更实质性的国际合作而使我国的基础研究从选题到完成都置身于世界科学技术发展的前沿，可以有效地调动国内与国际科学资源，加快我国基础研究赶超世界先进水平的步伐；通过国际合作，可充分利用国外先进的实验研究手段，分享快捷的信息，也可通过引进资金弥补国内研究经费、研究手段、设备和信息等方面的不足。

在我国进入全面自主创新的新的历史时期时，国际合作与交流不仅是当代科学发展的必然趋势，同时也是我国基础研究的客观需求，是提高我国基础研究水平的一条重要途径，为我国高水平科学研究提供了机会和挑战。面对激烈的国际竞争，我国化学的基础研究在当前条件下，要攀登世界高峰、达到国际先进水平，应该充分利用国际合作与交流的渠道，借鉴发达国家的经验和成果，少走弯路；应通过实验仪器、设备和信息资源的共享，取长补短，为跨越式发展创造条件。

近年来，我国化学界在国际上发表论文的数量和质量有了明显提高，这表明我国化学的基础研究发展较快，开展了许多在国际上有影响的工作，已经引起了国际科技界的高度关注。根据化学文摘（CAS）统计，2009年在中国登记的化学专利数量已经达到世界第一，并且70%是由中国化学工作者完成的。近三年，我国学者在

化学著名期刊 *J. Am. Chem. Soc.* 和 *Angew. Chem. Int. Ed.* 上所发表的论文数位居世界第四（排在美国、日本、德国之后）。2010 年 1 月 11 日出版的美国《化学化工新闻》（*Chem. & Eng. News*）周刊以"中国的崛起"（*China Ascendant*）为题对中国化学在国际上的迅速崛起进行了长篇报道。可以说，中国已经成为了世界化学大国，正处于从大到强的关键历史阶段。在这种新的形势下，国际交流与合作应开拓新的思路，中国化学家要承担对世界所应负的责任。近年来，国家自然科学基金委员会顺应基础研究国际化发展趋势，持续稳定地支持我国化学家参与国际合作与交流，为我国化学研究走向世界、提高研究水平、参与国际竞争发挥了重要的作用。

第一节　化学国际合作与交流项目的资助概况

近年来科学基金用于资助基础研究国际合作交流的经费呈现出较快增长的发展势头。根据"九五"以来科学基金对化学国际合作与交流的资助情况（图 6-1）可以看出，1995～2004 年 10 年间科学基金对化学国际合作与交流项目资助总经费只有 4300 多万元，但 2005～2009 年的国际合作经费增幅较大，仅 2009 年度的化学国际合作经费就已经达到 2500 万元。这反映出：一方面，国家自然科学基金委员会对基础研究国际合作与交流的重视；另一方面，近年来，国家自然科学基金委员会化学科学部在国际合作与交流中进一步强化"有所为，有所不为"的指导思想，将过去泛泛普遍支持的模式转向重点支持实质性国际合作的模式；同时积极争取各种资源，开拓了多种合作渠道，拓展了合作空间。但是，与我国化学近年来的发展速度和化学家参与国际合作与交流的实际需求相比，科学基金对化学国际交流与合作的资助力度还有待于进一步提高。

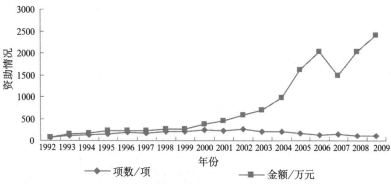

图 6-1　1992～2009 年科学基金对化学国际合作与交流项目资助情况

第二节　科学基金在化学国际合作与交流中的作用

　　2005～2009 年，国家自然科学基金委员会化学科学部在均衡推进多样化国际合作与交流工作的基础上，建立了广泛的对外合作与交流渠道，制订了化学领域国际合作与交流项目的资助原则和操作程序，构建了以合作研究为主、多种项目类别并存的资助格局，资助了领域广泛、形式多样的国际合作交流项目，探索了多种形式的国际合作交流模式，促进了实质性合作研究形式的多样化发展，推动了科学基金管理的国际化。在此基础上，在化学领域已经取得如下成效：①形成了以人员学术交流为特征的交流型合作、以合作研究为特征的实质性合作和以着眼于未来的前瞻性合作的科学基金多样化国际合作布局，资助成果比较显著。②实施"共同但有区别"的合作策略与重点，发挥了科学基金的导向作用。③推动国际合作人才战略的实施，已见成效。④推进了科学基金管理机制的国际化进程和学科管理人员的国际合作能力建设。

　　2005～2009 年，国家自然科学基金委员会化学科学部一直倡导以学科发展战略为导向，以优势学科和人才为重点，以新兴交叉学科和薄弱领域为培育对象的国际交流与合作的总体思路。在国际交流与合作领域，根据基础性、交叉性、牵引性和互补性等原则，确定了化学领域国际交流与合作的重点领域：绿色化学与可持续化学，表/界面化学，纳米结构表征和纳米生物医学，超分子组装、结构与功能，化学生物学，新材料化学体系（与能源、环境等相关），理论与计算化学等。同时国家自然科学基金委员会化学科学部也有重点地选择新兴交叉学科和薄弱领域（如纳米科技和化学生物学领域等）为培育对象，充分发挥海外优秀华裔学者和国际著名科学家的引导作用，通过邀请短期来访、双边会议和讲习班的方式创造中国化学家与国外同行合作的机会。

第三节 我国化学在国际合作与交流中呈现的特点与趋势

一、申办大型国际会议的能力逐渐增强

国际学术会议是一种重要的国际合作交流方式，它对于扩大基础研究成果在世界上的影响、吸收别国先进的学术思想和成就、建立广泛深入的合作关系、培养年轻的科学家等具有重要的作用。

在中国召开国际会议可以在一定程度上反映出我国基础研究在国际学术界的地位和影响力。国家自然科学基金每年资助中国科学家在国内主办较大型的、以基础研究为主题的、各类规模的、有影响的国际会议明显增多，这表明我国基础研究在越来越多的领域加强了与国际同行的合作与交流，在国际学术界的地位逐步有所提高，但真正能够在某些领域形成具有世界影响力的学术中心还有限。在国际会议资助方面，为充分提升我国一些有特色和优势研究领域的国际影响力，国家自然科学基金委员会国际合作局和化学科学部近年来着重加强对在中国召开的化学领域重要国际学术会议的

资助，如 IUPAC 系列会议［IUPAC 金属有机化学大会（2000年）、IUPAC 杂原子化学大会（2004 年）、IUPAC 物理有机化学大会（2004 年）、IUPAC 氟化学大会（2005 年）］、国际膜催化会议、3R 国际会议（2005 年）、国际无机膜会议、亚太催化大会、国际电化学大会。2005 年 8 月在北京召开的国际纯粹与应用化学联合会大会是国际化学界对中国化学研究水平和影响力认可的一个重要标志。

科学基金加强了对学术交流效果显著的小范围双边学术会议的资助，如中荷、中澳、中日、中丹、中韩、中法，中美及海外华人系列专业会议等，进一步加强了对受益面广的小型国际学术讲习班（workshop）的支持。2004 年以来，在化学生物学（单分子检测）、高分子结构理论与模拟、分子动力学在药物设计中的应用、环境化学等近 10 个新兴交叉学科或薄弱领域举行了学术讲席班，约 1800 人受益，包括青年科研人员、博士后、博士生等。

2005～2009 年来科学基金也加大了对中国内地学者参加海峡两岸化学领域研讨会的支持。例如，通过对海峡两岸环境保护学术研讨会、海峡两岸催化会、两岸化学反应动力学研讨会、海峡两岸高分子研讨会、海峡两岸生物工程交流研讨会及一系列海外华人化学系列学术研讨会等会议的支持，一些中国台湾的知名教授与中国内地知名教授在两岸互相兼职并进行合作研究，促进了海峡两岸在化学领域的学术交流，对推动两岸关系的良性发展起到了积极作用。

国家自然科学基金委员会化学科学部近年来在国际合作局等部门的积极支持与配合下，参与组织了几次颇有影响的国际大会的筹办工作，如申办第十五届国际分子筛大会；第十四届国际生命起源大会、国际纯粹与应用化学联合会大会（IUPAC Congress）、亚洲化学大会等，这些工作均得到国家自然科学基金委员会有关领导的重视和支持。国家自然科学基金委员会参与组织具有重要影响的大型国际学术大会，为主持申办的科学家减轻了部分经济负担，其对科学界精神和道义上的支持，以及在具体过程中的组织协调对会议的成功举办都有不可忽视的作用。

二、双边学术交流和实质性国际合作得到加强

在科学基金的支持下，我国学者参与国际合作与交流活动正在由短期、间断、简单接触的交流向长期稳定的实质性合作发展。在国家自然科学委员会国际合作局的重视和支持下，我国化学与周边国家的科技合作呈现良好的发展势头。日本和韩国是亚太地区在化学领域与我国合作与交流最为密切的两个国家，根据国家自然科学基金委员会与日本学术振兴会（JSPS）、日本科学技术振兴机构（JST），韩国科学与工程基金会（KOSEF）的双边和多边协议（A3前瞻计划），2005～2009年，分别在纳米科技、生物燃料电池、生物材料、大气、海洋与土壤环境污染控制等领域资助15项重大国际合作项目。同时与两国在化学领域举行的双边学术交流会议也得到持续的资助。双方在一些领域已经开展长期和切实有效的合作与交流。例如，定期进行双边研讨，开展校际交流，合作培养研究生等，中日、中韩在化学领域的实质性合作得到了进一步加强。

此外印度、巴基斯坦、泰国等周边国家与中国在化学领域开展国际合作与交流的意愿也明显增强。国家自然科学基金委员会根据这些国家的研究资源与特点，提出了在特定领域开展双边合作与交流的建议。中印、中泰和中巴在天然产物与药物化学、有机化学与化学生物学、纳米材料等化学领域的双边研讨会相继召开，一批年青的化学家通过双边交流活动已建立了优势互补的合作关系，也体现了国际合作为我所用的思路。

国家自然科学基金委员会与丹麦研究理事会签订了在纳米科技、可再生能源等领域开展双边研讨与联合资助重大国际合作项目的协议。双方基金会根据第三方专家的评审结果，在上述两个领域共有4个项目获得资助，进一步扩大了我国在优势学科领域的国际影响。

国家自然科学基金委员会与以色列基金会签订了在药物设计、化学反应动力学与量子调控领域举行双边研讨会的协议，以推动两

国科学家未来在上述领域的交流与合作。

国家自然科学基金委员会与德国 DFG 共同组织申请并联合评审了"多层次的分子组装体：结构、动态与功能"跨学科重大国际合作项目，资助经费为 600 万元，将一般性科学家的个体交流与合作拓展至团队交叉合作的新模式。

2005～2009 年，在推动实质性国际合作研究方面，国家自然科学基金委员会化学科学部在国际合作局的支持下，以国家自然科学基金委员会创新研究群体的骨干成员和杰出青年项目获得者及优秀中青年科研骨干为重点资助对象，以新兴交叉研究领域的培育为重点资助对象，在纳米器件与纳米生物、光电功能材料、催化反应与合成、环境与绿色化学、生物分析及表面化学等领域实施了重大国际合作项目，并取得了阶段性的重要突破。截至 2009 年 12 月，化学科学共有 49 项重大国际合作项目获得资助，总经费为 6098 万元，平均资助强度为 124 万元。

三、国际合作与交流项目的管理更加自主

为推动交叉学科化学生物学在我国的健康发展，国家自然科学基金委员会化学科学部建议并协助重大国际合作研究项目负责人筹备 2004 年度、2006 年度、2008 年度中德化学生物学双边学术会议。为进一步拓展合作空间，国家自然科学基金委员会化学科学部与上海有机化学研究所共同邀请国际著名刊物 JACS 主编 Peter Stang 来中国科学院上海有机化学研究所、复旦大学、国家自然科学基金委员会、中国科学院化学研究所、北京大学、清华大学等研究单位访问。Peter Stang 的访问也直接促成了 2005 年美国化学会高层代表团一行 12 人访问我国，代表团先后访问了国家自然科学基金委员会、科学技术部、中国科学技术协会、中国科学院、中国化学会、中国科学院化学研究所、北京大学、清华大学、中国科学院上海有机化学研究所和复旦大学等，并与中国化学家进行了广泛的学术交流和合作意向的探讨。2005 年 8 月美国化学会国际合作局局长一行三人再次来华，与国家自然科学基金委员会化学科学部

和国际合作局商谈美方（美国化学会和美国基金会）与国家自然科学基金委员会合作开展中美青年学者专题研讨会和重要国际刊物同行评审和编委推荐等事宜，也由此拉开了中美两国基金会在化学领域实质性合作的序幕。到 2009 年年底，NSFC-NSF 利用美国 NSF 的 first line 评审系统共同评审和资助了两批共 6 个重大国际合作项目，第三批项目的申请受理工作已经启动。国家自然科学基金委员会化学科学部在专家评审的基础上，配套资助 NSF 的 Pire 项目，以共同推动科学研究活动与研究生教育相结合。

与此同时，"十一五"期间由 NSF、ACS、NSFC、CCS 共同组织的中美青年化学家研讨会（化学生物学、新材料和超分子化学）已经召开。自 2005 年，应美国基金会的要求，国家自然科学基金委员会化学科学部在国家自然科学基金委员会国际合作局的支持下，与美国 NSF 共同在中国和美国举办了三次绿色化学和化学工程双边研讨会。中德双边"化学前沿"研讨会和中英双边化学专题研讨会都已经连续举办了三次。这些双边会议的主要目的是促使双边的年轻科学家在各自的成长过程中，通过学术交流，增进了解，共同成长，在平等的基础上建立友谊。

持续稳定、渐进性增加的科学基金对化学各种国际合作与交流项目的支持，为国内学者打开国际合作的局面发挥了有效而显著的作用。其作用主要表现在：①促进了中外学者学术思想的交流，加深了国内外相互了解，建立了较广泛的国际联系，为进一步开展国际间实质性、高层次的科技合作以及提高我国在国际上的影响创造了有利条件；②提升了国内化学家的科学视野和研究水平，帮助国内学者了解了国际相关科学领域的重点研究对象，以及相关新技术和动向，发现了我国本领域状况与国际水平的主要差距以及研究中的薄弱环节；③提高了化学科学部对国际化学前沿及其发展动态进行战略研讨的水平，开拓了思路，发现了新的交叉学科领域和生长点；④培育了实质性高层次国际合作项目，与条件优越的国外研究单位合作实现了科学资源的优势互补和共享，培养了国内青年人才，提高了研究工作的质量，丰富了研究数据和信息，缓解了因经费不足而造成的研究困难；⑤扩大了中国学者在国际化学界的学术影响。

此外，参与国际交流对基金课题的完成起到了积极的促进作用。国际合作与交流使基金项目负责人更深入了解该研究领域的国际前沿动态和趋势，学习和掌握一些新的研究方法，在学术思想的碰撞中深化对研究课题的理解和判断，也有利于研究者明确自己所研究的课题在国际学术界的地位和水平，为基金课题的深入研究奠定新的基础。

第四节　应关注的几个问题

一、多样化的国际合作与交流方式与实质性国际合作研究

由于国际交流与合作是一种双向的过程，不仅涉及国内的科学家队伍，而且也涉及其国外的合作伙伴，合作的意愿必须兼顾双方的兴趣和利益。与国内优先资助领域的遴选不同，国际交流与合作优先资助领域的遴选还必须考虑国外基金机构的合作意向、合作的可能性以及合作模式等。过分强调国际交流与合作的针对性和限定性会妨碍科学家特别是青年科技人员自由探索与开展国际合作与交流的积极性。同时全球性科学问题正引领学科发展的潮流和未来，并越来越成为各国科学研究和国际合作的重要内容。随着国家自然科学基金委员会资助格局的不断调整和项目资助强度的不断增加，在维持多样化国际合作与交流方式的前提下，国际合作交流与合作资助工作应该突出重点，明确我们的利益所在。化学领域很多学科的国际合作已经从一般交流和互访考察、实质性合作进入提高合作层次和提高合作研究质量的阶段，科学基金应把握学科发展的状况和特点，选准高层次、有重大学术价值的国际合作项目给予重点支持，有的放矢地参与组织意义深远的合作与交流项目，使我国在合作中获得更大的实效，为提升我国基础研究的自主创新能力做出重

要的贡献。

二、国际合作与交流工作促进对未来研究人才的
　　培养

在进一步完善与发展科学基金"项目"和"人才"两大资助板块的基础上，科学基金国际合作与交流应放眼未来，从战略意义的角度培养未来的学术带头人，重点支持我国准备或正在培养的年轻学术带头人参与国际学术交流活动，如在中国召开的双边或多边学术研讨会及受益面更广的小型国际学术讲习班等，加强对年轻科学家参与国际交流与合作的支持。

三、国际与海外学者智力资源促进国内基础研究
　　国际化

如何发挥海外学子的智力资源，采取何种形式使之最大限度地为国服务，从而缩短中国的基础研究与国际先进水平的差距，是需要我们不断思考和实践的问题。青年学者合作研究基金的实施及海外评委的聘请对促进国内外合作、活跃国内学术氛围起到了推动作用。在新的发展时期，我们需采取积极措施，力求通过与海外留学人员的实质性合作有效利用国际科学资源，促进科学基金的健康发展，不断推动我国基础研究的国际化进程。

四、国际化的科学评估方式促进国际交流与合作

如何对国际交流与合作的效益进行评估和检查，是一个为大家所关注的问题，也非常重要。为保证国际交流与合作研究的高起点，提高合作研究的效率及合作质量，应加强对国际交流与合作研究的跟踪管理与评估，在国际交流与合作中进一步引入国际化的评审和评估机制。同时在国家自然科学基金委员会一些重点、重大和

重大研究计划等项目类别中发挥国际和海外科学家的作用。

第五节　未来国际合作与交流重点关注方向

　　国家自然科学基金委员会化学科学部在"十二五"期间将按照国家自然科学基金委员会开展国际合作与交流的总体方针，继续推动有实质内容的国际合作与交流活动，努力发现并重点支持一批在化学领域有中国自身特色和优势的、以我为主和我需为主的国际合作项目。在资助经费和合作渠道等方面营造一个有利于中国化学家参与实质性国际合作的良好环境，推动化学家更广泛地参与国际合作交流与竞争：①进一步提升我国化学科学基础研究的原创能力和研究水平，加快中国从化学大国向化学强国迈进的步伐；②加速培养具有国际化视野的青年科技人才和研究团队；③关注全世界共同面对的挑战性问题，与国际化学界一道，凝练重大科学问题，并通过合作的方式，寻求解决方案；④进一步规范我国化学工作者的科研模式与理念；⑤推进我国科学基金管理与国际相关基金机构的管理理念与管理模式的融合，提升基金管理水平；⑥充分利用国际科技资源，推动我国化学领域新兴学科或交叉学科的迅速发展；⑦着眼于长远，实现为化学更多地进入国际前沿和引领发展奠定基础的战略目标。

　　我国化学学科已经形成了较好的研究基础和人才队伍，在一些具体方向上已经进入世界一流行列。也正因如此，主动提出和我国化学工作者合作意愿的国际同行越来越多。但是，整体而言，我国还有较大差距。最明显的表现就是基础研究缺乏创新性，过于集中追求热点研究，能够开辟重要学术方向的突破性成果较少。因此，我国应该选择在一些关键领域，特别是在较落后的领域和新兴的交叉领域与国际同行开展合作，注重吸收先进的思想和捕捉新的研究苗头。例如，美欧等发达国家和地区在物理化学的研究新手段、大规模高性能并行化计算设备、大型程序包或软件包的研发、理论化学新方法和算法的发展、科学仪器装置的研究、与能源及可持续发展相关的研究领域、与生命科学的交叉领域、学术评价体系的成熟性等方面都有明显优势，我国应该重点扩大这些方面的国际合作。在国际交流与合作的方式上，以前我国习惯于请进来的做法，现在应该进行战略转变，采用走出去、引进来的做法。制定相关的政策，鼓励我国的研究人员积极参加国际学术交流会议。此外，建议设立专门的人才或学术休假项目，支持优秀的一线学者到国际上顶级的研究机构进修和合作，或邀请国际上活跃的学者来国内进行较长时间的合作，项目的评审可以由相关学科国际知名学者组织的委员会完成，以此在各层面上开展广泛的国际合作与交流。

化学的保障措施与建议

为确保落实本规划的战略部署，实现发展目标，必须实施卓越的管理战略，发挥科学基金管理的整体水平，保证基础研究自由探索和重点支持的领域协调健康发展。在总结"十一五"工作经验的基础上，针对当前主要矛盾和突出问题，提出以下七条保障措施。

一、争取加大财政投入，实现基金持续增长

化学是我国所有学科中发展最为迅速、在国际上影响较大的学科，要贯彻落实《国家中长期科学和技术发展规划纲要（2006—2020 年)》，需从我国基础研究总体布局和实际情况出发，加强战略筹划和科学预测，积极争取更多的基金投入，进一步增加基金对化学及化学相关学科的资助项目和加大资助力度，为本规划的全面实施和各领域协调发展提供资金保障。对于发展相对落后的重要基础领域，建议国家在政策上给予支持和保护。例如，恢复"十五"期间对理论化学的倾斜支持政策，借鉴数理学部"数学天元基金"的模式，在国家自然科学基金委员会化学科学部设立"唐敖庆理论化学基金"，对理论化学研究长期进行倾斜资助。

二、改进评审机制，完善项目评价体系

坚持把支持源头创新作为基础研究的根本出发点，把创新性和

系统性作为项目评审的两把尺子，进一步提高评审质量，进一步改进评审方式，完善专家遴选原则和评审标准，明确学科评审组评审和通讯评议的工作定位，规范评审程序，维护评审公正。对于创新思想较好的项目，可以减少工作基础的要求。完善集体讨论送审的决策机制，注重甄别和保护有创新思想的非共识项目。规范同行评议意见反馈，加强和规范利益冲突管理。切实加强评审专家队伍建设，建立专家信誉管理制度，加强专家库建设，逐步推行国际同行专家参与评审。对于杰出青年项目的资助要向青年科学家、女科学家适当倾斜。

三、加强项目管理，建立成果共享机制

完善项目结题验收的评审程序，考虑在各级项目结题时，引入通讯评审程序，只有通讯评审通过的项目才能组织专家验收。对于通讯评审不能通过的项目负责人，停止其作为项目负责人申请下一年度基金项目的权力。完善适合基础研究特点的科学基金绩效评估体系；完善科学基金资助项目研究成果报送与登记制度，注重科学基金资助成果的知识产权保护；加强科学基金项目研究成果的集成和宣传，建立成果管理信息发布系统和成果展示与利用平台，促进基础研究学术信息资源的共享和利用。构建多层次、安全、可靠的自然科学基金信息服务体系，建立统一协调的科学基金综合业务电子办公环境，进一步提高信息服务的质量，为科学基金管理的公开、公平、公正与实施科技信用管理提供技术支撑。在做好科学基金信息公开的同时，充分利用国家其他部门的信息资源，逐步实现部门间资源共享。

四、加大人才队伍培养力度，促进研究队伍健康发展

切实贯彻落实中央提出的人才强国战略，保障《国家中长期人才发展规划纲要（2010—2020年)》有关战略目标的实现；结合国家自然科学基金委员会党组提出的"更加侧重基础、更加侧重前

沿、更加侧重人才"的战略导向，大力加强对科学人才成长规律的研究，加大人才培养力度，完善人才资助格局。进一步加大对青年项目基金的支持力度，对青年项目更加注重强调源头创新，鼓励青年学者选择有一定难度并有较大延伸性的课题，这样有利于青年学者开展有一定影响的原创性和系统性工作，避免在低层次上的简单重复。提倡鼓励青年学者参加全国性学术会议，对人才队伍的合理分配进行引导和整合。适当增加杰出青年项目的项目总数，进一步向有系统性和原创性研究工作的青年学者倾斜，更加完善杰出青年项目的评审机制和选才原则，做到更加公开、公正、透明和合理。进一步加大创新研究团队建设力度，更加注重对有较好学科交叉特点、创新性好的团队的支持，解决一些单兵作战不能完成的重大科学问题。同时鼓励创新团队成员承担本单位的研究生教学任务，为未来创新性人才的培养做好人才储备工作。在对已有创新团队延续支持时，要求至少有 30% 的人员更换（其中，青年研究骨干要不少于 60%），以有利于研究队伍的健康持续发展。在重点项目和重大项目中，要求注意老中青的结合，适当增加青年研究骨干的比例。加强对西部和欠发达地区优秀人才和青年人才的资助，稳定西部和欠发达地区的研究队伍，为区域协调发展做出贡献。加大对优秀科学家的资助力度，建议建立国家自然科学基金委员会优秀杰出科学家基金，给优秀科学家以长期稳定的支持，培养未来世界一流的科学家。

五、规范管理制度，推进依法行政

贯彻国家有关科技政策和法律法规，加强科学基金管理法规体系建设，健全科学基金管理规章制度，完善项目管理流程，不断提高科学管理和依法管理的水平。进一步加强国家自然科学基金委员会内部与外部科学基金管理队伍建设，加强管理培训，充分发挥项目依托单位的作用，全面提高科学基金管理人员的能力和素质。加强资金管理，更加严格地编制科学基金资助计划和预算，完善符合科学基金管理特点的资助经费计划、预算和拨付体系；

加强资助项目的经费管理，建立健全的财务内部制约机制，完善计划和财务信息管理系统，保障资助经费准确、及时、安全拨付，努力降低科学基金管理运行成本；强化项目依托单位对科学基金经费管理的责任意识，保证资金依法、高效、合理利用。构建多层次、安全、可靠的自然科学基金信息服务体系，建立统一协调的科学基金综合业务电子办公环境，为科学基金管理的公开、公平、公正与实施科技信用管理提供技术支撑。在做好科学基金信息公开的同时，充分利用国家其他部门的信息资源，逐步实现部门间资源共享。

六、加强监督工作，倡导创新文化

探索有效监督模式，加强对科学基金申请、受理、评审、实施等环节的监督，维护科学基金制的公正性。加强管理队伍廉政勤政建设，倡导密切联系科学家、真心依靠科学家、热情服务科学家。明确项目负责人的责任和义务，反对和杜绝一切学术不端行为，建立不端行为预防和惩戒体系，加强科学基金各项工作中的科学道德建设。突出重点，开展资助项目抽查审计工作。强化项目依托单位的监管责任，保证科学基金项目的合理、合规实施。倡导自主创新、敢为人先的拼搏精神，宽容失败，鼓励科学家潜心自由探索，对自由探索取得较好工作基础的领域进行重点支持。避免科学研究中的"短平快"现象，鼓励做深入系统的研究工作，鼓励原始创新和资助创新，鼓励理论与实验结合、基础研究与实际应用结合。改善研究生生活待遇，使其在没有生活压力的情况下潜心从事科学研究，有利于研究工作的顺利开展以及培养未来创新型研究人才。促进合作，鼓励领域交叉，倡导团队协作精神，建议相对先进的研究单位采用技术培训、访问研究、合作研究等方式向后来者提供技术支援；加强科学评论，鼓励学术争鸣，推动学术交流和思想碰撞，激发创新思想火花，构建尊重科学、鼓励探索、平等宽容、激励创新、公正透明、民主和谐的科学基金文化氛围，为营造崇尚科学、尊重知识、尊重人才、尊重创造的社会文化环境做出贡献。

七、完善学科建设，加强平台建设

基于化学的基础性和对国民经济发展的重要作用，国家应加强对能源、资源、环境、材料、人类健康等重大需求下的化学基础项目的支持，支撑国家未来可持续发展和资助创新战略的需求。筹建化学生物学学科，强化化学与生命科学的交叉与融合，完善化学学科布局，促进化学全面均衡协调发展。加强对国家急需的薄弱研究领域的支持，如放射化学、天然产物化学、化学热力学、高分子合成化学、科学研究装置（仪器）研究、化合物样品库与环境样品库建设、自主计算模拟软件等。要提升对关键科学仪器装置、设备的研发及对关键实验技术和重点软件的研发力度，加强化学分析仪器平台建设，夯实化学可持续发展的基础，充分发挥大科学装置和大型实验平台的作用。要加强对创新研究群体和国家重点实验室的建设，完善国家重点实验室的学科分布和地域分布格局。

参 考 文 献

21 世纪化学科学的挑战委员会 . 2004. 超越分子前沿——化学与化学工程面临
  的挑战 . 陈尔强，等译 . 北京：科学出版社

国家自然科学基金委员会 . 2006. 国家自然科学基金"十一五"发展规划 . http：//
  www. nsfc. gov. cn/nsfc/cen/fzjh10－1－5/index. htm［2011－03－02］

科学技术部办公厅，国务院发展研究中心国际技术经济研究所 . 2009. 世界前
  沿技术发展报告 2008. 北京：科学出版社

王佛松，王夔，陈新滋 . 2000. 展望 21 世纪的化学 . 北京：化学工业出版社

张礼和 . 2005. 化学学科进展 . 北京：化学工业出版社 .

中国科学技术协会 . 2009. 2008-2009 化学学科发展报告 . 北京：中国科学技术
  出版社

中国科学院 . 2005—2009. 2005—2009 年科学发展报告 . 北京：科学出版社

Dong R H，Hao J C. 2010. Complex Fluids of Poly（oxyethylene）Monoalkyl
  Ethernonionic Surfactants. Chem. Rev. ，110：4978～5022

Dong W R，Xiao C L，Wang T，et al. 2010. Transition State Spectroscopy of
  Partial Wave Resonances in the F ＋ HD Reaction. Science，327：
  1501，1502

Fu Q，Li W X，Yao Y X，et al. 2010. Interface-confined Ferrous Centers for
  Catalytic Oxidation. Science，328：1141～1144

Li C，Ren Z F，Wang X G，et al. 2007. Breakdown of the Born-oppenheimer
  Approximation in the F＋D_2→DF＋D Reaction. Science，317：1061～1064

Li J F，Huang Y F，Ding Y，et al. 2010. Shell-isolated Nanoparticle-enhanced
  Raman Spectroscopy. Nature，464：392～395

Liu H Z，Jiang T，Han B X，et al. 2009. Selective Phenol Hydrogenation To
  Cyclohexanone over a Dual Supported Pd-lewis Acid Catalyst. Science，326：
  1250～1252

National Science Board. Science and Engineering Indicators 2008. http：//
  www. nsf. gov/statistics/seind08/［2011－3－21］

National Science Board. Science and Engineering Indicators 2010. http：//
  www. nsf. gov/statistics/seind10/［2011－3－21］

Pan S，Fu Q，Huang T，et al. 2009. Design and Control of Electron Transport
  Properties of Single Molecules. Proc. Natl. Acad. Sci. ，36：15261～15265

Tian N，Zhou Z Y，Sun S G，et al. 2007. Synthesis of Tetrahexahedral
  Platinum

Nanocrystals with High-index Facets and High Electro-oxidation Activity. Science，

316：732～735

Wang X G，Dong W R，Xiao C L，et al. 2008. The Extent of Non-born-oppenheimer Coupling in the Reaction of Cl（$2p$）with Para-H_2. Science，322：573～576

Xie X W，Li Y，Liu Z Q，et al. 2009. Low-temperature Oxidation of CO Catalysed by CO_3O_4 Nanorods. Nature，458：746～749